最爱爽口
凉拌菜

甘智荣　主编

吉林科学技术出版社

图书在版编目（ＣＩＰ）数据

最爱爽口凉拌菜 / 甘智荣主编 . — 长春 ：吉林科
学技术出版社，2015.4
ISBN 978-7-5384-9015-2

Ⅰ . ①最⋯ Ⅱ . ①甘⋯ Ⅲ . ①凉菜－菜谱 Ⅳ .
① TS972.121

中国版本图书馆 CIP 数据核字（2015）第 063678 号

最爱爽口凉拌菜

Zui Ai Shuangkou Liangbancai

主　　编　　甘智荣
出 版 人　　李　梁
责任编辑　　李红梅
策划编辑　　成　卓
封面设计　　闵智玺
版式设计　　谢丹丹
开　　本　　723mm×1020mm　1/16
字　　数　　200千字
印　　张　　15
印　　数　　8000册
版　　次　　2015年4月第1版
印　　次　　2015年4月第1次印刷

出　　版　　吉林科学技术出版社
发　　行　　吉林科学技术出版社
地　　址　　长春市人民大街4646号
邮　　编　　130021
发行部电话/传真　0431-85635177　85651759　85651628
　　　　　　　　　　85677817　85600611　85670016
储运部电话　　0431-84612872
编辑部电话　　0431-86037576
网　　址　　www.jlstp.net
印　　刷　　深圳市雅佳图印刷有限公司

书　　号　　ISBN　978-7-5384-9015-2
定　　价　　29.80元

前言 PREFACE

无论是炎炎夏日还是寒冷冬日，一盘小小的凉拌菜，无疑都是餐桌上清新爽口、开胃解腻、佐酒下饭的佳品。凉拌菜做法简单、取材方便，中间省去不少热炒、油炸的过程，只需用简单的余烫、拌煮方式就可以做出美味爽口的菜肴。更重要的是，这种无需经过高温加热的做法，能够有效避免营养素流失，从而最大程度地保存蔬菜中的营养。然而，凉拌菜虽然家家都会做，但真正要把凉拌菜做得好吃，却也不是一件简单的事。

如何花最少的时间，拌出一道营养又美味的佳肴？如何让家人每天都能享受到新颖别致的美味凉菜，让餐桌从此成为一道靓丽的风景呢？翻开这本《最爱爽口凉拌菜》，你就会找到答案。

本书从讲解凉拌菜制作的基础知识入手，内容涵盖常用刀法、烹饪方法、调味汁的配制等多个方面，在为您提供拌制诀窍和实用技巧的同时，精选出200余道取材方便、广受读者喜爱的人气菜品，依据食材的不同，划分为素菜、肉菜、水产、沙拉四大类，教您用最简单的食材搭配百变的做法，快速拌出酸、甜、脆、辣好滋味。

书中将每道菜品的难易度都做了明确的标识，并详细标明制作时间和建议食用人数，对于制作难度较大的菜例，还配有详细的步骤图，以便读者能更好地了解菜品的整体概况。此外，本书还通过二维码技术将数字媒体与传统纸质相结合，突破了传统纸图内容受到版面篇幅影响的瓶颈，使读者可以获取更多海量内容。书中每道菜品均对应一枚二维码，您只需用手机扫描相应的二维码，便可通过网络免费观看菜品的视频制作过程，随时随地掌握凉拌菜的制作方法，让即便是"厨房菜鸟"的你，也同样能做出令人胃口大开的爽口凉拌菜。

美味无需等待，亲爱的朋友们，快来亲身体验做菜的乐趣吧。

CONTENT 目录

 Part 1 营养美味，一手包"拌"

 Part 2 最爱凉拌素菜，清脆爽口

最爱凉拌荤菜，嫩滑爽口

Part 4 最爱凉拌水产，鲜美爽口

最爱缤纷沙拉，清香爽口

Part 5

Part 1

营养美味，
一手包"拌"

凉拌菜具有清淡少油、开胃爽口、制作快捷等特点，是餐桌上常见的美食。一盘美味的凉拌菜不仅能增进食欲，令人胃口大开，还能有效补充各种营养元素，使人精力充沛。那么，凉拌菜要如何做才更营养爽口呢？本章将为您介绍制作凉拌菜的小常识及凉拌各类素菜、荤菜、水产和制作沙拉的小技巧，教您用最常见的食材和最简单的方法，快速拌出可口菜肴，让您一手包"拌"出全家的营养和美味。

凉拌菜的常用刀法

刀工是决定凉拌菜形态的主要工序之一，刀法合宜不仅能使菜肴造型美观，还能保存原料的营养成分。凉拌菜的常用刀法有哪些？每种刀法如何操作？不妨跟我们一起来了解吧。

〔直切〕

直切是凉拌菜最常用的刀法之一。一般操作为：左手按稳原料，右手执刀，一刀一刀笔直切下去。切时着力点需布满刀刃，前后力度最好保持一致，刀口垂直，尽量不偏斜。这种刀法适用于脆性大的原料，如萝卜、山药、土豆、竹笋等。

〔推切〕

左手按住原料，右手持刀，着力点放在刀的后端，贴着手中指向前推，一推到底，直到切断原料才能拉回来。推切时双手要有节奏的配合。该切法适用于质地松散，直切容易破碎或散开的原料，如熟肥肉、叉烧、熟鸡蛋等。

〔拉切〕

拉切又称"拖刀法"，操作时刀与原料垂直，先运刀向前稍稍推一下，接着顺势向后一拉到底，着力点在刀的前端。该刀法适用于韧性较强的原料，如鲜瘦肉、鸡胸肉等。

〔锯切〕

锯切是推切和拉切法的结合，是比较难掌握的一种刀法。因菜刀在落下的同时，来回拉动，类似锯东西而得名。施刀时刀具要垂直，像拉锯那样，一推一拉地来回切断原料，速度要慢，力度宜小而匀。该法适用于质地厚实坚韧的原料，如熟瘦肉、面包棒等。

〔铡切〕

铡切法有两种不同的操作方式：一种是右手握刀柄，左手握住刀背的前端，两手平衡用力压切；另一种是右手握紧刀柄，将刀刃放在原料要切的部位上，左手用力猛击刀背，使刀猛铡下去。该切刀法的着力点在刀的前后端，适用于处理带有软骨、细骨，或形圆、易滑的原料，如蟹、烧鸭、带壳的蛋类等。

〔滚刀切〕

左手按稳原料，右手持刀不断下切，每切一刀便将原料滚动一次。根据原料滚动的姿势和速度来决定切成片或块，一般，滚得快、切得慢，切出来的是块；滚得慢、切得快，切出来的则是片。该法多适用于圆形或椭圆形的脆性蔬菜，如萝卜、土豆、黄瓜、茭白等。

凉拌菜的烹饪方法

食材丰富多样，各具特点，选择不同的烹饪方式，会赋予每道食材不一样的风味。如何选择烹饪方法？如何使用正确的烹饪方法做出一道兼具美味与营养的凉拌菜？接下来将为您介绍。

〔拌〕

拌是冷菜的常用烹调方法，操作时把生的原料或放凉的熟料，切成丁、丝、条、片等形状，再加入各种调味料拌匀即可。拌的菜肴一般具有鲜嫩、爽口、入味、清脆的特点，且可生拌、熟拌，也可生熟混拌。

拌菜选料要精细、刀工要整齐，拌菜的切制要求都是细、小、薄；焯煮要适宜，有些用于制作凉拌菜的蔬菜需用开水焯熟才能食用，应注意掌握好火候，原料的成熟度要恰到好处，以保持蔬菜脆嫩的质地和原有的色泽；老韧的原料，则应煮熟煮透之后再拌；生拌凉菜必须注意卫生，保证菜肴的安全性。

〔炝〕

炝是先把生原料切成丝、片、块、条等，再用沸水稍烫一下，或用油稍滑一下，然后滤去水分或油，加入以花椒油为主的调味品，进行拌制。炝制菜具有鲜醇入味的特点，由于加热时间短，因而能有效保存食物的营养。

炝的菜肴不使用陈醋、酱油之类的调味品，以保证菜肴清淡无汁；宜选用热花椒油，味道更好；炝的调味料在调味之前要先将其制熟。

〔腌〕

腌是用调味品将主料浸泡入味的烹饪方法。腌凉菜不同于腌咸菜，咸菜以加盐腌渍为主，腌的方法也比较简单，由于盐的渗透作用，易造成食材中水溶性维生素和矿物质的流失。而腌凉菜需用多种调味品，腌渍时间相对较短，能保留食材大部分的营养，口感鲜嫩。

〔酥〕

酥制凉菜是将经过改刀或没经过改刀处理的原料放在以醋、糖为主要调料的汤汁中，经小火长时间煨焖，使原料酥烂。

〔酱〕

酱是指将经过刮、洗、烫、煮的材料，放入酱油、盐、花椒、八角等调料或糖色制作的酱汤中，用大火烧沸，撇去浮沫，再用小火煮熟，然后用微火熬浓汤汁，涂在成品的表面。

酱制凉拌菜一般具有味厚馥郁的特点，主要用于肉类、家禽、豆制品的烹饪。由于长时间加热，原料中的蛋白质变性，氨基酸、多肽类物质充分溶解出来，有利于凉拌菜的消化吸收。

〔卤〕

卤是将原料放入调制好的卤汁中，用小火慢慢浸煮卤透，使卤汁的滋味慢慢渗入原料里，做出的菜肴具有醇香酥烂的特点。卤的原料大多是家畜、家禽、豆制品等蛋白质含量丰富的原料，因而卤制品滋味比较鲜美，如卤肘子、卤牛肚、卤豆腐干、卤鸭舌等。

卤制成品的金黄色是因糖色产生的，切忌用酱油代替，以免成品氧化发黑。同时，在卤制过程中，因卤水沸腾而产生蒸汽，会使卤水逐渐减少，这就需要及时添加事先备好的卤汁或熬制好的鲜汤，但不可加冷水。

〔冻〕

冻也叫"水晶"，它的制法是在原料中加入胶质物质（如琼脂、明胶）或直接使用胶质较多的原料（如肉皮等），放入盛有汤和调味料的器皿中，上屉蒸烂或放锅里慢慢炖烂，然后使其自然冷却或放入冰箱中冷却。"水晶"凉菜食用时，汤汁形成的冻入口即化，口感独特。"水晶"凉菜具有清澈晶亮、软韧鲜香的特点。夏季制作此类菜时多用油脂含量少的原料，冬季则可选用油脂含量高的原料。

凉拌菜拌制方法

凉拌菜原料种类多样，常用的有蔬菜、鱼、禽畜肉类、水产等；或荤或素，抑或是荤素配搭，都可以根据个人的口味和喜好进行选择。凉拌菜的基本拌制方法有生拌、熟拌、混拌和炝拌。

〔生拌〕

生拌是选用可生食的食材，经洗涤、削切，再加入各种调味料加工而成。由于所有原料不需要加热，营养损失少，且操作十分方便，生拌是拌制凉拌菜常用的方法。用此拌法，可制作清凉姜汁黄瓜片、凉拌苦菊、蜜汁笋片以及水果沙拉等。

由于食材较生，所以调味的葱、姜、蒜、辣椒、酱料可以适当多放一些，以去除食材本身的涩味或腥味，吃起来会更鲜香爽口。

〔熟拌〕

熟拌的菜肴在于菜细肉薄，是将原料先用汆煮、卤或其他烹饪方式加工成熟，放凉后改刀成形，再加上其他配料和调味料拌制而成。熟拌多选用肉类、水产等原料，如选择烹熟的牛肉、猪肚或鱼等，切成细丝或薄片，装盘，加盐、味精、辣椒油等调味料，拌匀配盘而成。

〔混拌〕

混拌是凉拌菜使用较多的一种拌法，利用可生食的原料和制熟的原料，经过刀工处理后放在一起，加入多种调味料拌制而成。用该法可制作海蜇黄瓜拌鸡丝、卤水鸭胗、豆腐丝拌黄瓜等。

混拌菜肴具有原料丰富多样、口感混合、软嫩清香的特点，可为人体提供多种营养，具有较好的滋补保健功效。

〔炝拌〕

炝拌就是把已经加热制熟的原料放在盘里，再取炒锅，注入适量食用油，下入花椒、蒜片、葱花等炝锅，待调料香味散发出来之后捞出调料，将热油淋在菜上，再拌制成菜，如炝拌包菜、炝拌生菜、炝拌莴笋、炝拌牛肉丝等。

炝拌是拌菜的一种常见方法，其在操作过程中可有效保存原料中的水分，使菜色更鲜亮、更具风味。

凉拌菜调味汁的配制

酸、甜、苦、辣、咸，是品菜时味觉的直接感受。每一种调味汁都有它自己的特色，正是调味汁的选择和使用赋予了每道菜不一样的灵感。家庭凉拌菜调味汁如何使用？怎样配制？下面将为您一一道来。

日常烹饪，最常用的的调味料有盐、糖、葱、姜、蒜、辣椒、花椒、白醋、酒、葱油、辣椒油、花椒油、胡椒粉等。使用这些调味料，可以调制出多种不同的调味汁，如蒜蓉汁、姜味汁、糖醋汁、麻酱汁、红油汁、咖喱汁、茄味汁、鲜辣汁等。制作调味汁时，需遵循以下原则：

1.根据食材特性选择用量。例如水产、蔬菜，最好保持食材原有的鲜味，味道宜淡，太咸、太甜或太辣都不合适；而牛肉、羊肉，多加味道较重的调味料，才能去除异味。

2.根据季节的不同调整调味料的用量。夏季凉拌菜最好清淡、不油腻，而冬天凉拌菜则要香浓、肥美，调味料的选择及用量要根据季节变化有所调整。

3.根据食用对象调整用量。有的人喜欢清淡，有的喜欢厚味，有人爱甜，有人爱酸……调味料的用量并没有绝对的标准，应根据食用对象的喜好进行选择。

〔蒜蓉汁〕

原料： 蒜瓣、盐、醋、酱油、味精、芝麻油

做法： 将蒜瓣捣成泥状，放入碗中，加入盐、醋、味精和芝麻油，拌匀即可。

提示： 蒜蓉汁不可久存，最好现拌现吃，菜肴的味道才最鲜美。蒜蓉汁中加入香菜，会更香，这可根据个人口味选择。

〔姜味汁〕

原料： 生姜、盐、味精、芝麻油

做法： 将生姜洗净去皮，剁成细末，装入碗中；依次加入盐、味精、芝麻油拌匀，即可。

提示： 姜味汁最宜拌食禽肉类，但颜色不要过深，以不掩盖菜肴原料的本色为宜；制作时可加少许白醋提鲜，使姜味更加突出。

〔糖醋汁〕

原料： 盐、白糖、白醋、芝麻油

做法： 将盐、白糖、白醋先后倒入碗中，待盐、白糖充分溶解后，再倒入适量芝麻油拌匀即可。

提示： 白糖和醋是糖醋味的主味，用量满足菜的需要即可，以防过量而产生腻味。

〔麻酱汁〕

原料： 芝麻酱、盐、白糖、味精、芝麻油

做法： 先把芝麻酱放入碗中，加入少许水调开，再放入盐、白糖、味精和芝麻油，拌匀即可。

提示： 调制麻酱汁时，如在味汁中加入少许鲜汤，鲜香味会更突出；该味汁香味浓郁、酸甜适口，用于拌菜或蘸汁都可。

〔红油汁〕

原料： 酱油、白糖、味精、红油、芝麻油

做法： 酱油、白糖、味精放入碗中，加少许水调匀，注入适量红油、芝麻油，拌匀即成。

提示： 红油突出香辣味，重在用油，但不宜辣味太重；在调制红油汁时适量加入葱、姜、花椒等香辛料，可使味道更浓厚。

〔咖喱汁〕

原料： 咖喱粉、葱、姜、蒜、辣椒、盐、味精、芝麻油

做法： 咖喱粉用水调成糊状，倒入热油锅中，炒香，下入葱、姜、蒜，快速翻炒匀，调入盐、味精、辣椒和芝麻油，拌匀即可盛出。

提示： 咖喱汁味咸香，拌禽肉、水产都较为适宜。

〔茄味汁〕

原料： 盐、番茄酱、葱、姜、料酒、白糖、味精、芝麻油

做法： 先把盐、番茄酱、葱姜末、料酒、白糖、味精放入碗中，拌匀成汁。炒锅置火上烧热，倒入味汁，翻炒至熟，淋入芝麻油，盛入备好的碗中即可。

提示： 不宜放过多白糖。

〔鲜辣汁〕

原料： 姜、葱、辣椒、盐、糖、醋、味精、芝麻油

做法： 将辣椒、姜、葱分别切丝；炒锅置火上，烧热，倒入辣椒丝、姜丝、葱丝炒透，加盐、糖、醋拌匀，加味精和芝麻油，炒匀后盛出。

提示： 该味汁多用于炝拌菜。

凉拌菜的多种拼盘方法

凉拌菜的特色不仅在于其口感，还在于其"色"和"形"。凉菜拼摆要使菜肴呈现出色形相应、生动逼真的美感，这就要求拼盘时注意菜与菜之间、辅料与主料之间、菜与盛放的器皿之间色彩的调和。

〔双拼〕

双拼就是把两种不同的凉菜拼摆在一个盘子里。它要求刀工整齐美观，色泽对比分明。其拼法多种多样，可将两种凉菜一样一半，摆在盘子的两边；也可以将一种凉菜摆在下面，另一种盖在上面；还可将一种凉菜摆在中间，另一种围在四周。

〔三拼〕

三拼就是把三种不同的凉菜拼摆在一个盘子里，一般选用直径24厘米的圆盘。最常用的装盘形式是从圆盘的中心点将圆盘划分成三等份，每份摆上一种凉菜；也可将三种凉菜分别摆成内外三圈，等等。

〔四拼〕

四拼的装盘方法和三拼基本相同，一般选用直径33厘米的圆盘。最常用的装盘形式是从圆盘的中心点将圆盘划分成四等份，每份摆上一种凉菜；也可在周围摆上三种凉菜，中间摆上一种凉菜。四拼中每种凉菜的色泽和味道都要间隔开来。

〔五拼〕

五拼也称中拼盘、彩色中盘，一般选用直径38厘米的圆盘。五拼最常用的装盘形式是将四种凉菜呈放射状摆在圆盘四周，中间再摆上一种凉菜；也可将五种凉菜均呈放射状摆在圆盘四周，中间再摆上一座食雕做装饰。

〔什锦拼盘〕

什锦拼盘是把多种不同颜色、不同口味的凉菜拼摆在一只大圆盘内，一般选用直径42厘米的大圆盘。要求外形整齐美观，刀工精巧细致，拼摆角度准确，颜色搭配协调。装盘形式有圆、五角星、九宫格等几何图形，以及葵花、牡丹花、梅花等花形，给食者以赏心悦目的感觉。

〔花色冷拼〕

花色冷拼也称"工艺冷盘"，是经过构思后，运用精湛的刀工及艺术手腕，将多种凉菜在盘中拼摆成飞禽走兽、山水园林等各种平面、立体或半立体的图案。花色冷拼是一种技术要求高、艺术性强的拼盘形式，其操作比较复杂，一般只用于高档席桌。花色冷拼要求主题突出、图案新颖、形态生动、造型逼真，除了可以一饱口福外，还能一饱眼福。

凉拌菜的拌制技巧

越是容易做的菜，越有大学问。凉拌菜看似简单，人人能做，但有的能做得花样百出、鲜美可口，有的却黯然失色、索然无味，其中差别就在"技巧"。那做好一道凉拌菜到底有什么讲究？接下来就为您解答。

〔凉拌素菜的技巧〕

素菜是以植物类、菌类食物为原料制成的菜肴。素菜有较高的营养价值，品种丰富、口感多样，只要合理拌制便能充分享受素菜带来的独特味觉体验。

蔬菜巧区分

生食蔬菜能最大限度地保留蔬菜原有的营养，但并非所有的蔬菜都适合生食，合理区分不同蔬菜的不同吃法，才能吃得健康。

适合生吃的蔬菜：这类蔬菜洗净即可食用，也可以加少许调味汁拌制食用，如白萝卜、西红柿、黄瓜、紫甘蓝、苦菊等。生吃蔬菜最好选用无公害的绿色蔬菜或有机蔬菜。

需要焯水的蔬菜：如富含淀粉或具有生涩气味的，但只要经沸水焯煮，便可有清脆的口感。如十字花科蔬菜，如西蓝花、菜花、萝卜等；含草酸较多的蔬菜，如菠菜、竹笋、茭白等；芥菜类蔬菜，如大头菜；马齿苋等野菜。

煮熟才能食用的蔬菜：一是含淀粉的蔬菜，如土豆、芋头、山药等必须熟吃，才能被人体消化吸收；二是含有大量皂苷和血球凝集素的扁豆和四季豆，食用时如果未熟透，会导致中毒；三是豆芽；四是新鲜黄花菜、鲜木耳，其均含有毒素，千万不能生食。

巧去蔬菜农药

流水冲洗。一般蔬菜用流水连续冲洗即可把残留在蔬菜上的农药除掉。

淘米水浸泡。淘米水一般呈酸性，我国目前大多用有机磷农药杀虫，这些农药一遇酸性物质就会失去毒性。用淘米水浸泡能中和蔬菜上残留的农药。

盐水浸泡。将蔬菜浸泡在淡盐水中，去农药效果很好，也能洗去菜里的小虫，但浸泡的时间不宜过长。

去皮或切除农药残留部位。带皮的蔬菜最好先用流水冲洗再去皮食用。

蔬菜营养巧保留

多选用深色蔬菜。深色蔬菜较浅色蔬菜营养更丰富。

先洗后切，少加工。能生食的食材尽可能生食，能不焯水的尽可能不焯水，防止水溶性营养素的流失。

不要丢弃蔬菜中的营养成分。例如，豆芽上的豆瓣比茎营养价值更高。

素菜巧调味

胡萝卜、黄瓜、莴笋等根菜和瓜菜在拌制前先用盐腌一下，挤出适量的水分后再加入其他材料一起拌匀，口感更清脆。需要用到酱油、色拉油或花生油时，加热后再拌，会更入味。此外，在菜中放些蒜泥、食醋，可以起到杀菌的效果。

〔凉拌荤菜的技巧〕

肉类凉拌可以减少脂肪和胆固醇的摄入，还能避免致癌物质的生成，营养又健康，可谓是餐桌上的不二选择。凉拌荤菜虽好，制作却大有讲究。

食材煮熟煮透

用作凉拌的肉类食物，煮熟之后食用，营养更容易被吸收，也可以杀死细菌。因此，拌制前食材一定要清洗干净、

煮熟煮透，通常使用的烹调法有卤、腌、酱等。

肉类宜偏瘦

瘦肉所含的水分和油脂较少，用于制作凉拌菜不会增加肥腻之感。

肉类不宜煮得过烂

肉类如果煮的时间过长，太软烂就会失去嚼劲，也失去了凉拌荤菜的爽滑口感。

最好切成薄片

用于制作凉拌菜的肉没有经过炖煮的肉那么软烂，因此切成薄片，不但更容易入味，且口感更好。

〔凉拌水产的技巧〕

水产味道鲜美、营养价值较高，也是制作凉拌菜不可多得的食材来源。了解制作水产的小技巧，能让您制作起来更得心应手。

食材以鲜活为佳

鱼虾死后易腐烂变质，食用这样的水产类食物容易中毒；而螃蟹在水中以食用死鱼、死虾等腐物为生，螃蟹一旦死亡，它体内的细菌就会大量繁殖，分解蟹肉，有的细菌还会产生毒素，若人吃了死螃蟹就会引起食物中毒。因此，水产鲜活不仅能使菜肴味道鲜美，更是饮食安全的保障。

去除鱼腥的小妙招

①淡水鱼有泥味，可先把鱼放在盐水中清洗，接着用盐搓洗，便能除去异味。

②把淡水鱼剖开洗净后，除去鱼腹内的黑膜，放在冷水中，再往水中倒入少量的醋和胡椒粉，这样处理后的鱼，就没有了腥味。

③把处理好的鱼放在淡茶水中浸泡5～10分钟，不仅鱼腥味会消失，还会有淡淡的茶香味。一般500～1000克的鱼，用一杯浓茶兑成淡茶水浸泡即可。

④做鱼后手上会留下鱼腥味，可用牙膏或白酒洗手，再用清水冲洗干净即可。

贝类清洗技巧

在加工烹饪前，将贝类放入水盆或水桶内，加清水和少许植物油，可有效去除壳内的泥沙，且烹调味道更佳。如果将贝类泡在水中，同时加一把菜刀或其他铁器，贝类也会很快吐出泥沙。

加点芥末

新鲜芥末不仅口味独特，而且能抑制大肠杆菌、黄葡萄球菌等细菌的生长，尤其是搭配生鱼片同食，可有效减少食用鱼片时带来的细菌感染等问题。

〔沙拉制作的技巧〕

沙拉也是凉拌菜的一种，是用各种凉透了的熟料或是可以直接食用的生料加工成较小的形状后，再加入调味品或浇上各种冷沙拉酱或冷调味汁拌制而成。沙拉的原料选择范围很广，各种蔬菜、水果、海鲜、禽蛋、肉类等均可用于沙拉的制作。沙拉大都具有色泽鲜艳、外形美观、鲜嫩爽口、解腻开胃的特点。

选择颜色鲜亮的蔬果

颜色鲜亮的蔬果能给人以视觉刺激，激发食欲，且颜色较深的蔬果营养价值也较高，如西蓝花、生菜、香蕉、圣女果、草莓、樱桃等。

搭配坚果和奶酪

在沙拉中适当搭配坚果和奶酪，不仅会使口感更丰富，还能增加饱腹感，进而有效控制体重。奶酪则能补充人体所需的钙质，能促进青少年的生长发育，预防老年人骨质疏松。

沙拉酱的选用

制作沙拉，离不开沙拉酱。一般在超市即可买到，也可以自己制作，或直接用酸奶代替。在沙拉酱中加少许柠檬汁、白葡萄酒或白兰地，可使蔬菜不变色。

沙拉酱尽可能蘸着吃，如果是拌着吃，食材不宜切得过小、过细，这样可避免沾上过多的沙拉酱。

制作水果沙拉的技巧

做水果沙拉时，可在沙拉酱中加入适量的鲜奶，这样做出的沙拉更香郁，味道也更好。做好的水果沙拉最好现做现吃，如果需要事先准备好，也得放在冰箱的冷藏室，时间最好不超过1小时。

制作蔬菜沙拉的技巧

如果蔬菜存放在冰箱，制作之前应先将蔬菜泡水，以恢复水分。蔬菜洗净、沥干后，最好用手撕，以保其新鲜和营养。在拌制蔬菜沙拉的沙拉酱中加少许醋、盐，会更适合中国人的口味。

凉拌菜的拌制要点

时间的把握、调料调入的先后顺序、食材的选择……菜品制作的每一步，都直接关系到菜肴味道的好坏，制作凉拌菜亦是如此。把握凉拌菜拌制的要点，才能做到心中有数，"拌"出更多美味。

〔选材要新鲜〕

凉拌菜的选材多为可生食或仅经过焯煮就食用的蔬菜，食材的新鲜与否不但关系着食物的营养，也关系着菜品的美观和口感，因此新鲜的食材是首选，应季的有机蔬果则更佳。

〔清洗要彻底〕

食材应多清洗几遍，表面有凹凸处要抠挖干净。直接拿来生吃的蔬菜在洗净后再用凉开水冲洗，沥干水分即可切制；肉食在清水清洗之后，最好过水汆煮一下；鱼类的鱼鳍、鱼鳃及其周围部位容易滋生细菌、寄生虫，要仔细清洗。

〔水分要沥干〕

食材洗净、焯水或卤煮之后要先沥干水分，否则拌入的调味汁会被稀释。

〔制作工具要卫生〕

拌菜时要用干净筷子，不要直接用手拌菜。切凉拌菜原料的刀、砧板，最好用开水冲烫消毒，切生菜和切熟食的刀、砧板也一定要分开使用。

〔适时加入调味料〕

不要过早加入调味料，各种调味料应先调制好，最好放入冰箱冷藏，待凉菜上桌前再加入菜肴中拌匀，以免食材与盐分过早接触后释放水分，冲淡调味料。

〔冷藏盛菜器皿〕

盛凉拌菜的盘子可预先放在冰箱冷藏，冰凉的盘子装上放凉的菜肴，会增加凉拌菜的清爽口感，尤其是夏天食用，更具风味。

〔现拌现吃〕

凉拌菜最好做得分量适宜，现拌现吃，没吃完的凉拌菜不宜存放超过2小时。这主要是因为没吃完的凉拌菜，长时间暴露在空气中或是存放在冰箱里，难免会受到细菌侵扰，而再拿出来食用时一般也不会加热，食用后容易引起肠胃不适。

〔根据健康状况食用〕

凉拌菜是生冷食物，多吃易伤脾胃，因此，脾胃虚寒、消化不良、大便溏薄的人要少吃。

Part 2

最爱凉拌素菜，
清脆爽口

凉拌素菜多以时鲜为主，菜色清爽素净、花色繁多，口感鲜脆、爽滑，吃起来别具风味。凉拌素菜富有营养且易消化，不但能最大限度地保存其营养，还可及时帮助清理肠道，促进营养物质的消化吸收，对人体健康非常有益。本章为您挑选出包含绿叶蔬菜、根茎类、菌菇类、豆类及其制品等多个类别适宜凉拌的素菜，并推荐多道制作精美的营养菜例，手把手教您制作多样凉拌素菜，让您从最简单的菜肴中品尝到生活最初的滋味。

菠菜拌粉丝

难易度：★★☆☆☆　　👤 1人份

原料

菠菜130克，红椒15克，水
发粉丝70克，蒜末少许

调料

盐2克，鸡粉2克，生抽4毫
升，芝麻油2毫升，食用油
适量

烹饪时间
Times
3分钟

烹饪小提示

菠菜要先洗后切，以免营养物质随水流失；冬季水发粉丝
时宜用沸水，夏季适合用温水泡。

做法

① 菠菜、泡好的粉丝切
段，红椒切丝。

② 开水锅中，倒入少许食用
油；粉丝倒入滤网，放入
沸水中烫煮片刻，捞出。

③ 沸水锅中倒入菠菜、红
椒丝，焯熟后捞出。

④ 将焯好的菠菜和红椒放
入干净的碗中。

⑤ 再放入粉丝，倒入蒜
末，加入盐、鸡粉、生
抽、芝麻油，搅拌均
匀，装盘。

菠菜拌魔芋

难易度：★★☆☆☆　　🍴3人份

烹饪时间
Times
4分钟

🥗 原 料

魔芋200克，菠菜180克，枸杞15克，熟
芝麻、蒜末各少许

🥢 调 料

盐3克，鸡粉2克，生抽5毫升，芝麻
油、食用油各适量

🍲 烹饪小提示

备好的菠菜宜先用开水焯煮片刻再
拌，洗净的枸杞最好泡发开再放入碗
中拌匀，这样能去除其涩味。

🍳 做 法

1 魔芋切小方块，菠菜切段；开水锅中加盐、鸡粉，焯煮魔芋，沥干。

2 沸水锅中再注入食用油，倒入菠菜，搅匀，断生后捞出，沥干。

3 碗中倒入煮熟的魔芋块、焯好的菠菜，倒入枸杞，撒上蒜末。

4 淋入生抽，加鸡粉、盐、芝麻油搅匀盛出，撒上熟芝麻即成。

枸杞拌菠菜

难易度：★★☆☆☆　　🍽 2人份

烹饪时间
Times
4 分钟

🍳 原 料

菠菜230克，枸杞20克，蒜末少许

🥣 调 料

盐2克，鸡粉2克，蚝油10克，芝麻油3
毫升，食用油适量

🥢 做 法

🍵 烹饪小提示

可以把拌好的菜肴放到冰箱里冷藏一
会儿，夏天食用口感更佳。

① 洗净的菠菜去根部，切成段。

② 开水锅中淋入食用油，分别焯煮枸杞和菠菜，捞出，沥干。

③ 把焯好的菠菜、枸杞倒入碗中，放入备好的蒜末。

④ 加入盐、鸡粉、蚝油、芝麻油，搅匀，盛出，装盘即可。

做法

❶ 洗净的西芹划成两半，用斜刀切段，备用。

❷ 锅中注水烧开，加盐、食用油；倒入西芹，煮约半分钟；放入洗净的玉米粒，拌匀。

❸ 焯煮约半分钟，至食材全部断生，捞出，沥干水分。

❹ 装入碗中，撒上蒜末，加盐、白糖。

❺ 加入橄榄油、陈醋，搅拌至糖分溶化，装盘。

烹饪时间 Times 3分钟

橄榄油拌西芹玉米

难易度：★☆☆☆☆　　👥 1人份

原料

西芹90克，鲜玉米粒80克，蒜末少许

调料

盐3克，橄榄油10毫升，陈醋8毫升，白糖3克，食用油少许

烹饪小提示

焯煮西芹和玉米时，要掌握好时间，断生即可；焯煮过的食材水分要完全沥干，以免稀释调味汁。

烹饪时间
Times
3分钟

凉拌芹菜叶

难易度：★☆☆☆☆　👤 1人份

🥗 原料

芹菜叶100克，彩椒15克，
白芝麻20克

🧂 调料

盐3克，鸡粉2克，陈醋10
毫升，食用油少许

◎ 烹饪小提示

彩椒肉质较厚实，焯煮的时间可以稍微长一些；焯好的芹
菜叶过一遍凉水，可保持芹菜叶本身的绿色。

🍴 做 法

1 洗净的彩椒切粗丝。

2 炒锅置于火上，倒入备
好的白芝麻，小火翻炒
至其色泽微黄，盛出。

3 另起锅，注水烧开，加
食用油、盐，放入洗净
的芹菜叶、彩椒丝，焯
熟后捞出。

4 将焯煮好的芹菜叶装入
碗中，倒入彩椒丝，加
入适量的盐、鸡粉，淋
入陈醋。

5 搅拌至入味，盛入盘
中，撒上白芝麻即成。

炝拌生菜

难易度：★☆☆☆☆　　👥 1人份

🍳 烹饪时间
Times
1分钟

🌾 原 料

生菜150克，蒜瓣30克，干辣椒少许

🧂 调 料

生抽4毫升，白醋6毫升，鸡粉2克，盐2克，食用油适量

🍲 烹饪小提示

炝拌生菜前，可用自来水多冲洗几次，以清除残留的农药；生菜用手撕成片状，比用刀切口感会更好。

🔪 做 法

❶ 将洗净的生菜叶，撕成小块；蒜瓣切成薄片，再切细末。

❷ 将蒜末放入碗中，加入生抽、白醋、鸡粉、盐，拌匀。

❸ 用油起锅，倒入干辣椒，炝生辣味，盛入碗中，制成味汁。

❹ 取一个盘子，放入生菜，摆放好；把味汁浇在生菜上即可。

烹饪时间
Times
3分钟

芝麻洋葱拌菠菜

难易度：★★☆☆☆　　👤 2人份

🥗 原料

菠菜200克，洋葱60克，白芝麻20克，蒜末少许

🍶 调料

盐2克，白糖3克，生抽4毫升，凉拌醋4毫升，芝麻油3毫升，食用油适量

🍳 做法

1.去皮的洋葱切丝，菠菜去根部，切成段。2.开水锅中淋入食用油，放菠菜，焯煮半分钟。3.倒洋葱丝，再煮半分钟，捞出焯煮好的食材。4.将菠菜、洋葱装入碗中，加盐、白糖、生抽、凉拌醋，倒入蒜末，搅至入味。5.淋入芝麻油，撒上白芝麻，搅匀，装盘。

烹饪时间
Times
6分钟

姜汁拌空心菜

难易度：★☆☆☆☆　　👤 3人份

🥗 原料　空心菜500克，姜汁20毫升，红椒适量

🍶 调料　盐3克，陈醋、芝麻油、食用油各适量

🍳 做法

1.空心菜切成长段。2.开水锅中倒入空心菜梗，加入食用油，拌匀，放入空心菜叶，略煮。3.加盐，拌匀，捞出，放凉。4.碗中倒入姜汁，加盐、陈醋、芝麻油。5.搅匀，浇在空心菜上，放上红椒片即可。

做法

1 去皮芋头切开，改切成小块；把切好的芋头装入蒸盘中，待用。

2 蒸锅上火烧开，放入蒸盘；中火蒸约20分钟，至芋头熟软，放凉。

3 取一个大碗，倒入蒸好的芋头；加入白糖、老抽，拌匀，压成泥状。

4 撒上适量准备好的白芝麻。

5 搅至白糖完全溶化，盛出拌好的材料即可。

烹饪时间
Times
4分钟

芝麻拌芋头

难易度：★★☆☆☆　　🍴 3人份

🥗 原料

芋头300克，熟白芝麻25克

🥄 调料

白糖7克，老抽1毫升

🔵 烹饪小提示

芋头削皮前，可以先在手上倒点醋抹匀，就不会因接触到黏液而发痒；芋头要煮熟，否则食用会影响口感。

做法

① 泡好的银耳去根部，切小块，木耳切小块，芹菜切段。

② 开水锅中加食用油，倒入芹菜、木耳，熟后捞出。

③ 再向沸水锅中加入食粉，倒入银耳、枸杞，焯熟后捞出，装入碗中。

④ 芹菜、木耳倒入碗中，加蒜末，淋生抽、辣椒油。

⑤ 加入芝麻油、陈醋，搅拌均匀，装入备好的盘中即可。

烹饪时间
Times
3分钟

银耳拌芹菜

难易度：★★☆☆☆　　　2人份

🍲 原料

水发银耳180克，木耳40克，芹菜30克，枸杞5克，蒜末少许

🧂 调料

食粉2克，盐2克，鸡粉3克，生抽3毫升，辣椒油2毫升，芝麻油2毫升，陈醋2毫升，食用油适量

🍵 烹饪小提示

银耳宜用温开水泡发，冷水泡发比较慢，且冷水中容易滋生细菌。泡好的银耳最好切去黄色部分，再食用。

菠菜拌胡萝卜

难易度：★★☆☆☆　　2人份

原 料

胡萝卜85克，菠菜200克，蒜末、葱花各少许

调 料

盐3克，鸡粉2克，生抽6毫升，芝麻油2克，食用油少许

做 法

1.胡萝卜切丝，菠菜去根部，切段。2.开水锅中，加少许食用油、盐，倒入胡萝卜丝，大火煮约1分钟。3.倒入菠菜，拌匀，煮至熟软；捞出，沥干。4.沥干水的食材装入碗中，撒上蒜末、葱花，拌匀。5.加盐、鸡粉、生抽和芝麻油，搅至食材入味；取盘，盛入食材，摆好即成。

海带丝拌菠菜

难易度：★★☆☆☆　　3人份

原 料

海带丝230克，菠菜85克，熟白芝麻15克，胡萝卜25克，蒜末少许

调 料

盐2克，鸡粉2克，生抽4毫升，芝麻油6毫升，食用油适量

做 法

1.海带丝切段，胡萝卜切细丝。2.开水锅中倒入海带，搅匀；放入胡萝卜，淋食用油，搅匀，煮至断生，捞出，沥干。3.另起锅，注水烧开，倒菠菜，加食用油，煮至断生，捞出，沥干。4.碗中倒入海带、胡萝卜、菠菜，拌匀。5.撒上蒜末，加盐、鸡粉、生抽、芝麻油，撒上白芝麻，搅匀，装盘即可。

芹菜胡萝卜丝拌腐竹

难易度：★★☆☆☆　　 2人份

烹饪时间
Times
3分钟

🥬 原料

芹菜85克，胡萝卜60克，水发腐竹140克

🔒 调料

盐、鸡粉各2克，胡椒粉1克，芝麻油4毫升

🍳 做法

1. 洗净的芹菜切长段，洗净的胡萝卜切丝，洗净的腐竹切段。2. 开水锅中，倒入切好的西芹、胡萝卜，拌匀，用大火略煮片刻。3. 放入腐竹，拌匀，煮至食材断生，捞出，沥干。4. 取一个大碗，倒入焯过水的材料。5. 加入盐、鸡粉、胡椒粉、芝麻油，拌匀；至食材入味，装盘。

橄榄油芹菜拌核桃仁

难易度：★★☆☆☆　　 3人份

🥬 原料

芹菜300克，核桃仁35克

🔒 调料

盐3克，鸡粉2克，橄榄油10毫升

🍳 做法

1. 将洗净的芹菜切长段，核桃仁拍碎，待用。2. 煎锅置火上烧热，倒入核桃碎，炒出香味后盛出，待用。3. 开水锅中倒入芹菜段，焯煮约1分钟30秒，至食材断生后捞出。4. 大碗中放入焯熟的芹菜段，滴入橄榄油；加少许盐、鸡粉，搅匀，撒上核桃碎。5. 快速搅拌一会儿，至食材入味，装盘。

烹饪时间
Times
3分钟

做 法

1 海带、彩椒切丝，放入加有盐和食用油的开水锅中。

2 搅拌匀，煮约1分钟，捞出备用。

3 将彩椒和海带放入碗中，倒入蒜末、葱花。

4 加入适量生抽、盐、鸡粉、陈醋。

5 淋入少许芝麻油，拌匀调味，将拌好的食材装入碗中即成。

烹饪时间
Times
3分钟

海带拌彩椒

难易度：★☆☆☆☆　　2人份

原 料

海带150克，彩椒100克，蒜末、葱花各少许

调 料

盐3克，鸡粉2克，生抽、陈醋、芝麻油、食用油各适量

烹饪小提示

海带不易煮软，可先将海带放在蒸笼蒸半小时后再煮，这样烹饪出来的海带脆嫩软烂；彩椒不要焯煮过久，以免影响口感。

凉拌嫩芹菜

难易度：★☆☆☆☆　　1人份

原料

芹菜80克，胡萝卜30克，
蒜末、葱花各少许

调料

盐3克，鸡粉少许，芝麻油
5毫升，食用油适量

烹饪小提示

胡萝卜肉质较硬，焯煮的时间最好久一点，再下入芹菜，
这样可使食材的口感保持一致。

做法

❶ 将食材洗净，芹菜切小段，胡萝卜切成细丝。

❷ 开水锅中放入食用油、盐，再下入胡萝卜片、芹菜段，焯煮至熟软。

❸ 将食材捞出，沥干水分，装入碗中，备用。

❹ 加入少许盐、鸡粉、蒜末、葱花，淋入少许芝麻油。

❺ 搅拌至食材入味，将拌好的食材装碗即可。

菠菜拌金针菇

难易度：★★☆☆☆　　🍴 3人份

烹饪时间
Times
4分钟

🥗 原 料

菠菜200克，金针菇180克，彩椒50克，蒜末少许

🍶 调 料

盐3克，鸡粉少许，陈醋8毫升，芝麻油、食用油各适量

🍃 烹饪小提示

食用新鲜金针菇前，应在冷水中浸泡2小时；烹饪时需把金针菇煮软煮熟，使金针菇中的秋水仙碱遇热分解，以免中毒。

🥄 做 法

❶ 金针菇切去根部，洗净的菠菜切段，彩椒切粗丝。

❷ 开水锅中加少许食用油、盐；氽煮菠菜，捞出沥干。

❸ 再焯煮金针菇、彩椒丝，捞出；碗中倒入菠菜、金针菇和彩椒。

❹ 撒上蒜末，加盐、鸡粉、陈醋，滴上芝麻油，搅匀，盛出摆盘。

芹菜拌海带丝

难易度：★★☆☆☆　　👤 2人份

烹饪时间
Times
4分钟

🍴 原 料

水发海带100克，芹菜梗85克，胡萝卜35克

🥄 调 料

盐3克，芝麻油5毫升，凉拌醋10毫升，食用油少许

💡 烹饪小提示

海带丝要切得整齐，这样做好的凉拌菜样式才美观；拌制时可多放些芝麻油，能使营养物质更易于吸收。

🍳 做 法

❶ 芹菜梗切成小段；去皮的胡萝卜切成丝，海带切成粗丝。

❷ 开水锅中加盐、食用油；倒入海带、胡萝卜，搅匀，略煮。

❸ 再倒芹菜梗，搅匀，煮至完全断生后捞出，待用。

❹ 焯煮过的食材装入碗中，加盐、凉拌醋、芝麻油，搅匀，装盘。

🥢 做 法

❶ 将全部食材洗净，腐竹切段，海带和胡萝卜分别切丝。

❷ 开水锅中放入腐竹，拌匀，断生后捞出，沥干。

❸ 沸水锅中再倒入海带丝，熟后捞出，沥干。

❹ 取一大碗，倒入焯过水的食材，撒上胡萝卜丝，拌匀。

❺ 加入盐、鸡粉，淋入适量生抽、陈醋、芝麻油，搅至食材入味，装盘。

烹饪时间
⏰ Times
4 分钟

海带拌腐竹

难易度：★★☆☆☆　　👥 2人份

🍖 原 料

水发海带120克，胡萝卜25克，水发腐竹100克

🥄 调 料

盐2克，鸡粉少许，生抽4毫升，陈醋7毫升，芝麻油适量

🍲 烹饪小提示

若要腐竹更入味，可先用水泡发，再煮熟；海带的腥味较重，可以多放入一些芝麻油，这样口感会更佳。

烹饪时间 Times 2分钟

凉拌双耳

难易度：★★☆☆☆　　3人份

原料

水发银耳180克，水发木耳140克，青椒15克，红椒10克，芥末酱少许

调料

盐、鸡粉各2克，白糖少许，生抽6毫升

做法

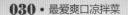

❶ 红椒用斜刀切片，青椒切小块，木耳撕成小朵，银耳切小朵。

❷ 把芥末酱装入小碟中，加入少许生抽，调成味汁，待用。

❸ 碗中放入银耳、木耳、青椒、红椒，加盐、白糖。

❹ 加入鸡粉，淋入适量生抽，倒入调好的味汁。

❺ 匀速地搅拌一会儿，至食材入味，将拌好的菜肴装入盘中即成。

烹饪小提示

木耳最好选用温开水泡发，这样更容易清除杂质；双耳在开水锅中焯煮一会儿，再沥干水分凉拌，口感更佳。

紫菜凉拌白菜心

难易度：★★☆☆☆　　👥 2人份

🥦 原 料

大白菜200克，水发紫菜70克，熟芝麻10克，蒜末、姜末、葱花各少许

🧂 调 料

盐3克，白糖3克，陈醋5毫升，芝麻油2毫升，鸡粉、食用油各适量

🍳 做 法

1.洗净的大白菜切丝，油起锅，倒入备好的蒜末、姜末、爆香。2.开水锅中加盐，倒入大白菜，搅匀，略煮片刻。3.倒入紫菜，煮沸，捞出，沥干。4.把焯煮好的食材装入碗中，倒入炒好的蒜末、姜末。5.加盐、鸡粉、陈醋、白糖、芝麻油、葱花，拌匀；装碗，撒上备好的芝麻即可。

芝麻酱拌小白菜

难易度：★★☆☆☆　　👥 1人份

🥦 原 料

小白菜160克，熟白芝麻10克，红椒少许

🧂 调 料

芝麻酱12克，盐、鸡粉各2克，生抽6毫升，芝麻油适量

🍳 做 法

1.小白菜切段，红椒切粒。2.碗中倒入生抽、鸡粉、芝麻酱、芝麻油、盐，倒入适量凉开水。3.匀速搅拌，至调味料完全溶于水中，再撒上熟白芝麻，制成味汁。4.开水锅中，放入小白菜，拌匀，煮至断生，捞出，沥干。5.大碗中放入焯过水的小白菜，倒入味汁，拌匀；再撒上红椒粒，拌匀，盛出。

乌醋花生黑木耳

难易度：★★☆☆☆　　3人份

烹饪时间 Times 2分钟

 原 料

水发黑木耳150克，去皮胡萝卜80克，花生100克，朝天椒1个，葱花8克

调 料

生抽3毫升，乌醋5毫升

做 法

1.洗净的胡萝卜切丝，黑木耳洗净，备用。
2.锅中注水烧开，倒入胡萝卜丝、黑木耳，拌匀。3.焯煮一会儿至断生，捞出食材，放入凉水中待用。4.将胡萝卜和黑木耳装入碗中，加入花生米、朝天椒、生抽、乌醋，拌匀。5.将拌好的凉菜装在盘中，撒上葱花点缀即可。

烹饪时间 Times 3分钟

紫甘蓝拌茭白

难易度：★★☆☆☆　　3人份

原 料 紫甘蓝150克，茭白200克，彩椒50克，蒜末少许

调 料 盐2克，鸡粉2克，陈醋4毫升，芝麻油3毫升，生抽、食用油各适量

做 法

1.茭白、彩椒、紫甘蓝切丝。2.开水锅中，加食用油，焯煮茭白至其五成熟。3.加入紫甘蓝、彩椒，煮至断生，捞出。4.将焯过水的食材装入碗中，放入蒜末。5.加生抽、盐、鸡粉、陈醋、芝麻油，搅匀，装盘。

做 法

❶ 洗好的千张、紫甘蓝切成丝。

❷ 开水锅中加入少许盐，倒入切好的紫甘蓝，拌匀，煮半分钟。

❸ 再放入千张丝，再煮半分钟，捞出，沥干。

❹ 食材装入碗中，撒上蒜末、葱花，加盐、鸡粉、生抽、陈醋，拌匀。

❺ 倒入少许芝麻油，搅拌片刻，盛出拌好的食材，装入盘中即可。

烹饪时间
Times
3 分钟

紫甘蓝拌千张丝

难易度：★★☆☆☆　　🍴3人份

原料

紫甘蓝200克，千张180克，蒜末、葱花各少许

调料

盐3克，鸡粉3克，生抽4毫升，陈醋3毫升，芝麻油2毫升

烹饪小提示

紫甘蓝加热后会变成黑紫色，影响美观，为了保持色泽，烹饪时可以加点白醋；焯煮不宜太过，以免营养流失。

烹饪时间
Times
3分钟

黄花菜拌海带丝

难易度：★★☆☆☆ 👥 2人份

🔵 原料

水发黄花菜100克，水发海带80克，彩椒50克，蒜末、葱花各少许

⚫ 调料

盐3克，鸡粉2克，生抽4毫升，白醋5毫升，陈醋8毫升，芝麻油少许

◎ 烹饪小提示

海带切丝后可再清洗一遍，能减少其所含的杂质，改善菜肴的口感；黄花菜需要焯煮熟透，以免影响消化。

✂ 做法

❶ 彩椒切粗丝，海带切细丝，备用。

❷ 开水锅中淋上白醋，倒入海带丝，搅匀，略煮，再倒入黄花菜。

❸ 搅匀，加盐，搅拌，放入彩椒丝，大火续煮一会儿，捞出，沥干，装碗。

❹ 加入蒜末、葱花，淋入生抽、芝麻油、陈醋。

❺ 加入适量盐、鸡粉，搅拌至入味，盛出，摆盘即可。

海带丝拌土豆丝

难易度：★★☆☆☆　👥2人份

烹饪时间
Times
3分钟

🔊 原 料

海带120克，土豆90克，彩椒50克，蒜末、葱花各少许

🍶 调 料

盐3克，鸡粉4克，生抽6毫升，陈醋8毫升，芝麻油2毫升

🔘 烹饪小提示

海带本身带有咸味，制作时可适量少放一些盐；制作土豆之前可用水加醋浸泡，可保持土豆清脆的口感。

🔪 做 法

❶ 洗好的彩椒、海带切成丝，土豆去皮，再切成丝。

❷ 开水锅中加入盐、鸡粉，焯煮海带、土豆、彩椒，捞出，沥干。

❸ 焯过水的食材装入碗中，放入蒜末、葱花，淋入生抽、陈醋。

❹ 加盐、鸡粉，淋上芝麻油，拌匀；将拌好的食材装盘即可。

玉米拌洋葱

难易度：★★☆☆☆　　👥 2人份

烹饪时间 Times 3分钟

🥦 原料

玉米粒75克，洋葱条90克，凉拌汁25毫升

🧂 调料

盐2克，白糖少许，生抽4毫升，芝麻油适量

🍴 做法

1.开水锅中倒入洗净的玉米粒，略煮，放入洗净切好的洋葱条，搅匀。2.再煮一小会儿，至食材断生后捞出，沥干水分，待用。3.取一大碗，倒入焯过水的食材，放入凉拌汁。4.加入少许生抽、盐、白糖，淋入适量芝麻油。5.快速搅拌一会儿，至食材入味；盛出，摆好盘即可。

黄瓜拌土豆丝

难易度：★★☆☆☆　　👥 3人份

🥦 原料

去皮土豆250克，黄瓜200克，熟白芝麻15克

🧂 调料

盐、白糖各1克，芝麻油、白醋各5毫升

🍴 做法

1.洗好的黄瓜、土豆切丝。2.土豆丝放入装有清水的碗中，稍拌片刻，去除表面含有的淀粉，沥干。3.沸水锅中倒入洗过的土豆丝，焯煮好后捞出，过一遍凉水后捞出，装盘待用。4.往土豆丝中放入黄瓜丝，拌匀。5.加入盐、白糖、芝麻油、白醋，将材料拌匀；装入碟中，撒上熟白芝麻即可。

烹饪时间 Times 2分钟

做法

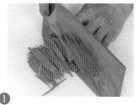

❶ 将白菜梗、胡萝卜、青椒切成丝，待用。

❷ 开水锅中加入盐，焯煮胡萝卜丝、白菜梗、青椒，捞出，沥干。

❸ 把食材装入碗中，加入盐、鸡粉。

❹ 淋入少许生抽、陈醋，倒入芝麻油。

❺ 撒上蒜末、葱花，搅拌，至食材入味，盛出拌好的食材。

烹饪时间
Times
3分钟

白菜梗拌胡萝卜丝

难易度：★★☆☆☆　👥 3人份

🥕 原料

白菜梗120克，胡萝卜200克，青椒35克，蒜末、葱花各少许

🍶 调料

盐3克，鸡粉2克，生抽3毫升，陈醋6毫升，芝麻油适量

❤ 烹饪小提示

焯煮食材时，可以放入少许食用油，能使拌好的食材更爽口；焯煮时间不宜过久，以免营养物质的流失。

烹饪时间
Times
2分钟

炝拌包菜

难易度：★★☆☆☆　　2人份

原料

包菜200克，蒜末、枸杞各少许

调料

盐2克，鸡粉2克，生抽8毫升

烹饪小提示

包菜不宜焯煮过久，以免降低其营养价值；凉拌的包菜宜当天食用，不可过夜，否则会产生亚硝酸盐，有害健康。

做法

❶ 将洗净的包菜切去根部，再切成小块，用手撕成片。

❷ 锅中注入适量清水烧开，倒入包菜、枸杞，拌匀。

❸ 捞出焯煮好的食材，沥干水分，装盘待用。

❹ 放入适量切好的蒜末，再加入适量盐、鸡粉。

❺ 淋入生抽，拌匀；拌好的菜肴放入盘中即可。

醋拌芹菜

难易度：★★☆☆☆ 　2人份

原料

芹菜梗200克，彩椒10克，芹菜叶25克，熟白芝麻少许

调料

盐2克，白糖3克，陈醋15毫升，芝麻油10毫升

烹饪时间 Times 2分钟

烹饪小提示

芹菜梗焯水时间不宜过久，以免失去爽脆的口感；放醋的时间不可过早，以免使菜色变黑，影响美观。

做 法

❶ 彩椒去籽，切细丝，芹菜梗切成段。

❷ 开水锅中倒入芹菜梗，放入彩椒，煮至断生；捞出。

❸ 食材倒入碗中，放入芹菜叶，搅匀；加盐、白糖、陈醋、芝麻油。

❹ 倒入白芝麻，搅拌均匀至食材入味，盛出拌好的菜肴，装盘即可。

烹饪时间
Times
3分钟

麻油萝卜丝

难易度：★★☆☆☆　　　2人份

原料

白萝卜160克，胡萝卜75克，干辣椒、花椒各少许

调料

盐、鸡粉各2克，白糖少许，陈醋8毫升，食用油适量

做法

1.去皮的白萝卜、胡萝卜切细丝。2.油起锅，放入备好的干辣椒、花椒、拌匀，炸出香味，制成麻辣味汁。3.碗中倒入切好的食材，加盐、鸡粉，搅至盐分完全溶化。4.再盛入麻辣味汁，淋入适量陈醋，撒上白糖。5.搅至食材入味；另取一个盘子，盛入拌好的菜肴即成。

烹饪时间
Times
24小时

酱腌白萝卜

难易度：★★☆☆☆　　　3人份

原料

白萝卜350克，朝天椒圈、姜片、蒜头各少许

调料

盐7克，白糖3克，生抽4毫升，老抽3毫升，陈醋3毫升，食用油适量

做法

1.白萝卜切片，加盐，拌匀，腌渍20分钟。2.加白糖，拌匀；用清水清洗白萝卜，沥干。3.白萝卜加生抽、老抽、陈醋、清水，拌匀。4.放入姜、蒜、朝天椒圈，拌匀。5.用保鲜膜包裹密封好，腌渍约24小时，装盘即可。

⊘ 做 法

① 洗净去皮的胡萝卜、莴笋切丝。

② 开水锅中加盐、食用油，焯煮胡萝卜丝、莴笋丝。

③ 放入洗净的黄豆芽，搅拌几下，煮至食材熟透后捞出，沥干。

④ 将焯煮好的食材装入碗中，撒上蒜末。

⑤ 加盐、鸡粉、白糖，淋生抽、陈醋、芝麻油，拌至入味，装盘即成。

⏱ 烹饪时间 Times 3分钟

凉拌莴笋

难易度：★★☆☆☆　　👤2人份

⊘ 原 料

莴笋100克，胡萝卜90克，黄豆芽90克，蒜末少许

⊘ 调 料

盐3克，鸡粉少许，白糖2克，生抽4毫升，陈醋7毫升，芝麻油、食用油各适量

⊘ 烹饪小提示

黄豆芽比较脆嫩，焯煮的时间不宜过长，以免破坏其口感；可先用适量温开水溶化白糖，放凉后再拌菜。

烹饪时间
Times
4 分钟

凉拌木耳

难易度：★★☆☆☆　👤 1人份

🍲 原料

水发木耳120克，胡萝卜45
克，香菜15克

🍶 调料

盐、鸡粉各2克，生抽5毫
升，辣椒油7毫升

🍳 烹饪小提示

木耳应用温开水泡发，这样更容易清除其中的杂质；焯煮
木耳的时间不宜太长，以免影响其脆爽的口感。

🔪 做法

❶ 将洗净的香菜切长段，
胡萝卜切薄片，改切细
丝，备用。

❷ 开水锅中放入木耳，拌
匀，熟后捞出，沥干。

❸ 取一个大碗，放入焯好
的木耳、胡萝卜丝、香
菜段，加盐、鸡粉。

❹ 淋入适量生抽，倒入少
许辣椒油。

❺ 快速搅拌一会儿，至食
材入味；将拌好的菜肴
盛入盘中即成。

甜椒紫甘蓝拌木耳

难易度：★★☆☆☆　　🍴2人份

烹饪时间
Times
3分钟

🍳 原 料

紫甘蓝120克，彩椒90克，水发木耳40克，蒜末少许

🥄 调 料

盐3克，鸡粉2克，白糖3克，陈醋10毫升，芝麻油、食用油各适量

💧 烹饪小提示

紫甘蓝不宜焯煮过久，以免营养物质流失；食材焯煮好后用凉开水过一遍，会使拌好的食材更爽口。

🔪 做 法

❶ 彩椒切粗丝，紫甘蓝切丝，备用。

❷ 开水锅中加盐、食用油，放入木耳、彩椒、紫甘蓝，略煮，捞出。

❸ 将焯煮好的食材装入碗中，撒上蒜末；加陈醋、盐、鸡粉、白糖。

❹ 注入芝麻油，搅至食材入味，盘中盛入拌好的菜肴，摆盘即成。

洋葱拌西红柿

难易度：★☆☆☆☆　　　👤 1人份

烹饪时间
Times
22 分钟

🍴 原 料

洋葱85克，西红柿70克

🥄 调 料

白糖4克，白醋10毫升

🍳 烹饪小提示

将洋葱放入水中切丝，可避免洋葱刺激眼睛；若不喜欢洋葱味，可以适当焯煮片刻或延长腌渍的时间。

🥢 做 法

1 清洗干净的洋葱先对半切开，再切片，后切成丝。

2 清洗干净的西红柿先对半切开，再切成瓣，备用。

3 洋葱丝装入碗中，加白糖、白醋，搅至白糖溶化，腌渍约20分钟。

4 碗中倒入西红柿，搅拌匀；将拌好的食材装入盘中即可。

做法

❶ 洋葱、红椒切成丝。

❷ 热锅注油，烧至四成热，放入洋葱、红椒，搅匀，炸出香味，捞出。

❸ 锅底留油，注入清水烧开，放入盐，倒入腐竹段，搅匀，熟后捞出。

❹ 将腐竹装入碗中，放入洋葱、红椒、葱花。

❺ 加入适量盐、鸡粉、生抽、芝麻油、辣椒油，拌匀调味，装碗。

烹饪时间
Times
3分钟

洋葱拌腐竹

难易度：★☆☆☆☆　　2人份

原料

洋葱50克，水发腐竹200克，红椒15克，葱花少许

调料

盐3克，鸡粉2克，生抽4毫升，芝麻油2毫升，辣椒油3毫升，食用油适量

烹饪小提示

腐竹可先泡发，去除杂质；焯煮以煮至刚熟为佳，过熟或没熟都会影响口感，不利于营养物质的消化吸收。

烹饪时间
Times
12分钟

胡萝卜丝拌香菜

难易度：★★☆☆☆　　2人份

原料

胡萝卜200克，香菜85克，彩椒10克

调料

盐、鸡粉、白糖各2克，陈醋6毫升，芝麻油7毫升

烹饪小提示

可将胡萝卜焯一下水，这样口感会更好；凉拌菜腌制时应把握好时间，否则不入味或入味太过，都影响口感。

做法

❶ 洗净的香菜切长段，洗好的彩椒切细丝。

❷ 洗好去皮的胡萝卜切段，再切薄片，改切成细丝，备用。

❸ 取一个碗，倒入胡萝卜、彩椒，放入香菜梗，拌匀；加盐、鸡粉。

❹ 再加白糖、陈醋、芝麻油，拌匀，腌渍10分钟。

❺ 加入香菜叶，拌匀，拌好的食材盛入盘中即成。

紫甘蓝拌杂菜

难易度：★★☆☆☆ 　🍴 3人份

🥗 原 料

苦菊、生菜、圣女果各100克，黄瓜、樱桃萝卜各90克，紫甘蓝85克，洋葱70克，蒜末少许

🧂 调 料

盐、鸡粉各 2克，生抽5毫升，陈醋10毫升，芝麻油、食用油各适量

🍳 做 法

1.樱桃萝卜、黄瓜、洋葱、紫甘蓝、生菜切丝，苦菊切小段。2.开水锅中淋入食用油；倒入紫甘蓝、樱桃萝卜、洋葱，搅匀。3.再放苦菊、黄瓜、生菜、圣女果，熟后捞出。4.把焯煮好的食材装入碗中；撒上蒜末，加盐、鸡粉。5.淋入生抽、芝麻油，倒入陈醋；拌至食材入味，装盘。

西瓜翠衣拌胡萝卜

难易度：★★☆☆☆ 　🍴 3人份

🥗 原 料

西瓜皮200克，胡萝卜200克，熟白芝麻、蒜末各少许

🧂 调 料

盐2克，白糖4克，陈醋8毫升，食用油适量

🍳 做 法

1.胡萝卜、西瓜皮切丝。2.开水锅中倒入食用油，焯煮胡萝卜、西瓜皮，捞出，沥干。3.将焯好的胡萝卜和西瓜皮放入碗中，加入蒜末。4.加盐、白糖，淋入陈醋，拌匀。5.撒上白芝麻，装盘即可。

橙香萝卜丝

难易度：★★☆☆☆　👥2人份

烹饪时间
Times
3分钟

🎧原 料

白萝卜160克，浓缩橙汁50毫升

🥣调 料

白糖3克，盐少许

🍳烹饪小提示

切好的白萝卜丝可先用盐腌渍一会儿再入开水锅中焯水，这样既能去除辣味，又保持了其爽脆的口感。

🔪做 法

❶ 将去皮洗净的白萝卜切成薄片，再改切成细丝。

❷ 开水锅中加入盐，倒入白萝卜丝，拌匀，略煮，捞出，沥干。

❸ 把焯过水的白萝卜丝放入碗中，加入少许白糖，倒入橙汁。

❹ 搅拌均匀，至白糖完全溶化；把拌匀的萝卜丝盛入盘中即可。

做法

1 去皮的白萝卜切细丝，洗净的圆椒、彩椒切细丝，金针菇切除根部。

2 金针菇倒入开水锅中，拌匀，煮至断生；捞出，凉开水中洗净，沥干。

3 取一个大碗，倒入白萝卜、彩椒、圆椒。

4 倒入金针菇，撒上蒜末，拌匀。

5 加盐、鸡粉、白糖，淋入辣椒油、芝麻油，撒入葱花，拌匀，装盘即可。

烹饪时间
Times
2分钟

白萝卜拌金针菇

难易度：★★☆☆☆　　3人份

原料

白萝卜200克，金针菇100克，彩椒20克，圆椒10克，蒜末、葱花各少许

调料

盐、鸡粉各2克，白糖5克，辣椒油、芝麻油各适量

烹饪小提示

白萝卜含水量较高，可先加盐腌渍一会儿，挤干水分；金针菇一定要煮熟，否则稍有不慎会影响胃肠消化。

烹饪时间
Times
3分钟

醋拌莴笋萝卜丝

难易度：★★☆☆☆　　🍴 3人份

🥦 原 料

莴笋140克，白萝卜200克，蒜末、葱花各少许

🍶 调 料

盐3克，鸡粉2克，陈醋5毫升，食用油适量

🌿 烹饪小提示

白萝卜丝、莴笋丝在开水锅中焯煮时不宜太久，否则营养物质会流失；切食材时，刀工要整齐，否则成菜后不美观。

🍳 做 法

❶ 将洗净去皮的白萝卜切成细丝。

❷ 将洗净去皮的莴笋先切段，再切成片状，后切成细丝。

❸ 开水锅中放入盐、食用油，倒入白萝卜丝、莴笋丝，搅匀，熟后捞出。

❹ 将焯煮好的食材放在碗中，撒蒜末、葱花。

❺ 加盐、鸡粉、陈醋；搅至入味，摆盘即成。

冬笋拌豆芽

难易度：★★☆☆☆　　🍴2人份

烹饪时间
Times
4 分钟

🎧 原 料

冬笋100克，黄豆芽100克，红椒20克，蒜末、葱花各少许

🧂 调 料

盐3克，鸡粉2克，芝麻油2毫升，辣椒油2毫升，食用油3毫升

🌶 烹饪小提示

黄豆芽含有较多的蛋白质和维生素，不宜焯煮太久；冬笋口感很爽脆，入锅煮制的时间不宜过长。

🍴 做 法

❶ 清洗干净的冬笋切细丝，清洗干净的红椒切丝。

❷ 开水锅中加入食用油、盐，倒入冬笋、黄豆芽，搅匀，煮至断生。

❸ 放入红椒，煮片刻至食材熟透；将全部食材捞出，装入碗中。

❹ 加入盐、鸡粉、蒜末、葱花；淋入芝麻油、辣椒油，拌匀，装盘即可。

醋泡黄豆

难易度：★☆☆☆☆　　🍽 2人份

烹饪时间
Times
30天

🍳 **原 料**

水发黄豆200克

🥄 **调 料**

白醋200毫升

🍲 **烹饪小提示**

黄豆泡一段时间后会涨大，因此一定要加入足够的醋使其没过黄豆。此菜酸味较重，口味清淡者可添加适量白糖。

🍴 **做 法**

❶ 取一个洗净的玻璃瓶，将洗净的黄豆倒入瓶中。

❷ 往玻璃杯中，加入适量白醋。

❸ 盖上瓶盖，置于干燥阴凉处，浸泡1个月，至黄豆颜色发白。

❹ 打开瓶盖，将泡好的黄豆取出，装入碟中即可。

✎ 做 法

❶ 将玉米笋切成小段，黄瓜切小块。

❷ 开水锅中放入玉米笋，加入盐、鸡粉，倒入食用油，用大火焯煮至食材断生后，捞出沥干。

❸ 取一个干净的碗，倒入玉米笋，放入黄瓜块。

❹ 撒上蒜末、葱花，加入辣椒油、盐、鸡粉。

❺ 淋入陈醋、生抽，搅拌匀，再淋入芝麻油，快速拌匀，装盘即可。

烹饪时间
Times
3分钟

黄瓜拌玉米笋

难易度：★★☆☆☆　🍴3人份

◉ 原料

玉米笋200克，黄瓜150克，蒜末、葱花各少许

◉ 调料

盐3克，鸡粉2克，生抽4毫升，辣椒油6毫升，陈醋8毫升，芝麻油、食用油各适量

◉ 烹饪小提示

拍黄瓜的力度不宜太大，以免水分流失过多；玉米笋较硬，焯煮时间可适当久些，这样食用口感更加软滑。

烹饪时间
Times
3分钟

炝拌三丝

难易度：★☆☆☆☆　　2人份

原料

黄瓜100克，莴笋100克，红椒15克，蒜末、葱花各少许

调料

盐3克，白糖2克，生抽、鸡粉、陈醋、辣椒油、芝麻油、食用油各适量

烹饪小提示

黄瓜中的维生素C分解酶会破坏其他食物中的维生素C，焯煮一下有利于维生素C的吸收，但不宜焯烫太久。

做法

① 将洗净的黄瓜、莴笋、红椒切丝，装入盘中。

② 开水锅中加入食用油、盐，倒入切好的莴笋、红椒丝，拌匀，煮熟。

③ 把煮好的莴笋、红椒丝捞出，放入碗中，加黄瓜丝、蒜末、葱花，拌匀。

④ 加入适量盐、鸡粉、白糖、生抽、陈醋。

⑤ 再淋入少许辣椒油、芝麻油，拌匀至入味，装盘即可。

橄榄油芹菜拌白萝卜

难易度：★☆☆☆☆　🍴 3人份

🥗 原 料

芹菜80克，白萝卜300克，红椒35克

🧂 调 料

橄榄油适量，盐2克，白糖2克，鸡粉2克，辣椒油4毫升

🍴 做 法

1.清洗干净的芹菜拍破，切成段；洗净去皮的白萝卜和洗净的红椒切丝。2.开水锅中放盐，倒入适量橄榄油，拌匀。3.放入白萝卜丝煮沸，加入芹菜段、红椒丝，煮约1分钟至熟，捞出，沥干。4.把食材装入碗中，加盐、白糖、鸡粉、辣椒油、橄榄油，拌匀。5.将拌好的食材装盘即可。

黑芝麻拌莴笋丝

难易度：★☆☆☆☆　🍴 2人份

🥗 原 料

去皮莴笋200克，去皮胡萝卜80克，黑芝麻25克

🧂 调 料

盐2克，鸡粉2克，白糖5克，醋10毫升，芝麻油少许

🍴 做 法

1.清洗干净的莴笋、胡萝卜切丝。2.锅中注水烧开，放入切好的莴笋丝和胡萝卜丝。3.焯煮一会儿至食材全部断生，捞出焯好的莴笋和胡萝卜，装碗待用。4.加入部分黑芝麻，放入盐、鸡粉、白糖、醋、芝麻油，搅拌均匀。5.将拌好的菜肴装在盘中，撒上少许黑芝麻点缀即可。

豆芽拌洋葱

难易度：★★☆☆☆　　🏃 2人份

🔘 原 料

黄豆芽100克，洋葱90克，胡萝卜40克，蒜末、葱花各少许

🔘 调 料

盐2克，鸡粉2克，生抽4毫升，陈醋3毫升，辣椒油、芝麻油各适量

烹饪时间
Times
3分钟

🔘 烹饪小提示

洋葱含有葱蒜辣素，因气味刺鼻而常使人流泪，切丝可在水中进行；辣椒油不能放太多，以免影响食材本身的鲜味。

🔘 做 法

❶ 将洗净的洋葱切成丝，去皮洗好的胡萝卜切丝。

❷ 开水锅中放入黄豆芽、胡萝卜，略煮；再放入洋葱，略煮。

❸ 捞出，装碗；放入蒜末、葱花，倒入生抽，加盐、鸡粉、陈醋。

❹ 再淋入辣椒油和少许芝麻油，拌匀，盛出，装盘即可。

🍳 做 法

❶ 洗净去皮的茭白切片，彩椒切块。

❷ 砂锅中注水烧开，放入少许盐，加入食用油。

❸ 倒入切好的茭白、彩椒，拌匀，煮至其断生，捞出，沥干。

❹ 装入碗中，加入蒜末、葱花，加入适量盐、鸡粉，淋入陈醋、芝麻油，拌匀调味。

❺ 将拌好的茭白盛出，装入盘中即可。

烹饪时间
Times
2分钟

凉拌茭白

难易度：★★☆☆☆　　👥2人份

🥬 原料

茭白200克，彩椒50克，蒜末、葱花各少许

🧂 调料

盐3克，鸡粉2克，陈醋4毫升，芝麻油2毫升，食用油适量

🍲 烹饪小提示

茭白性寒味甘，既能利尿祛水，又能清暑解烦而止渴，不宜煮太久，否则会影响口感和营养价值。

南瓜拌核桃

难易度：★★☆☆☆　　🍴 2人份

🌾 原料

南瓜120克，土豆45克，
配方奶粉10克，核桃粉15
克，葡萄干20克

烹饪时间
Times
3分钟

🍵 烹饪小提示

葡萄干一般较硬，可以泡一会儿后再切碎，这样会更易消化。消化不良的人食用此菜，还可适当增加南瓜的量。

🍳 做法

❶ 土豆、南瓜切片，葡萄干剁成末。

❷ 把切好的南瓜和切好的土豆装入蒸盘中，蒸锅上火烧开。

❸ 用中火蒸约15分钟至食材熟软，取出放凉。

❹ 放凉的南瓜和土豆压成泥，撒上配方奶粉。

❺ 放入切好的葡萄干，再倒入备好的核桃粉，搅匀，装碗。

自制酱黄瓜

难易度：★★☆☆☆　　　👤2人份

🥬 **原料**

小黄瓜200克，姜片、蒜瓣、八角各少许

🧂 **调料**

酱油400克，红糖10克，白糖2克，老抽5毫升，盐5克

🍴 **做法**

1.在洗净的小黄瓜上打上灯笼花刀。2.将黄瓜装入碗中，加入盐，抹匀，腌渍一天。3.热锅注油烧热，倒入姜片、蒜瓣、八角，爆香。4.倒入备好的酱油，淋入料酒，再加入红糖、白糖、老抽，炒匀。5.将煮好的酱汁放凉，倒入黄瓜碗内，将黄瓜浸泡片刻即可食用。

清凉姜汁黄瓜片

难易度：★☆☆☆☆　　　👤1人份

🥬 **原料**　黄瓜160克，姜末少许，冰块适量

🍴 **做法**

1.将洗净的黄瓜切薄片，备用。2.把黄瓜片装入盘中，撒上备好的姜末。3.搅拌匀，腌渍一会儿，至其变软，待用。4.取一果盘，装入备好的冰块。5.再放入腌渍好的黄瓜片，摆好盘即成。

金针菇拌黄瓜

难易度：★★☆☆☆　　👥 2人份

烹饪时间
Times
3分钟

🍲 原料

金针菇110克，黄瓜90克，胡萝卜40克，蒜末、葱花各少许

🥄 调料

盐3克，食用油2毫升，陈醋3毫升，生抽5毫升，鸡粉、辣椒油、芝麻油各适量

🍳 烹饪小提示

金针菇富含蛋白质，宜焯煮熟透；黄瓜含水量大，焯煮的时间不宜过长，以免影响成品的鲜嫩口感。

🥢 做法

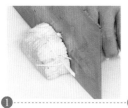

❶ 洗净的黄瓜、胡萝卜切丝，金针菇去根部。

❷ 开水锅中放入食用油，加盐，焯煮胡萝卜、金针菇，捞出。

❸ 黄瓜丝倒入碗中，加盐；倒入金针菇、胡萝卜，放入蒜末、葱花。

❹ 加鸡粉、陈醋、生抽，淋入辣椒油、芝麻油，拌匀，装盘。

做 法

1 黄瓜、豆皮切细丝，红椒切成丝，放在盘中，待用。

2 开水锅中放入食用油、盐；焯煮豆皮。

3 放入切好的红椒丝，搅匀，熟后捞出，沥干。

4 将焯好的食材放在碗中；再倒入黄瓜丝，放入蒜末、葱花。

5 加盐、生抽、鸡粉、陈醋、芝麻油，拌至食材入味，装盘即可。

烹饪时间
Times
4 分钟

黄瓜拌豆皮

难易度：★★☆☆☆　　🍴 2人份

原 料

黄瓜120克，豆皮150克，红椒25克，蒜末、葱花各少许

调 料

盐3克，鸡粉2克，生抽4毫升，陈醋6毫升，芝麻油、食用油各适量

烹饪小提示

豆皮尽量切得整齐一些，这样成品的样式才美观。红椒颜色较艳，且维生素C含量丰富，不宜焯煮过久，以免营养流失。

烹饪时间
Times
2分钟

凉拌紫甘蓝粉丝

难易度：★★☆☆☆　　3人份

原料

紫甘蓝170克，水发粉丝120克，黄瓜85克，胡萝卜70克

调料

盐、鸡粉各2克，白糖少许，生抽4毫升，陈醋8毫升，芝麻油适量

烹饪小提示

紫甘蓝、胡萝卜、粉丝可以在开水锅中过一遍，但时间不宜太久，以免影响凉拌菜口感，流失营养物质。

做 法

❶ 将洗净的紫甘蓝切粗丝，胡萝卜切细丝，黄瓜切细丝。

❷ 取一个大碗，放入切好的紫甘蓝，倒入切好的胡萝卜丝。

❸ 放入备好的粉丝，再倒入黄瓜丝，搅拌均匀。

❹ 加入盐、鸡粉、白糖，淋入适量陈醋、生抽。

❺ 倒入少许芝麻油，搅至食材入味，装盘。

凉拌黄豆芽

难易度：★★☆☆☆　　👥 2人份

烹饪时间
Times
2分钟

🥗 原 料

黄豆芽100克，芹菜80克，胡萝卜90克，白芝麻、蒜末各少许

🥘 调 料

盐4克，鸡粉2克，白糖4克，芝麻油2毫升，陈醋、食用油各适量

🌿 烹饪小提示

芹菜和胡萝卜宜切工整，以免影响美观，拌好的食材包上保鲜膜，放入冰箱冰镇片刻后再食用，口感会更好。

✏️ 做 法

① 胡萝卜切成细丝，芹菜切成段，金针菇切去蒂。

② 开水锅中，放入盐、食用油，焯煮胡萝卜、黄豆芽、芹菜段，沥干。

③ 将焯过水的食材装入碗中，加入适量盐、鸡粉。

④ 撒入蒜末，放入白糖、陈醋、芝麻油，搅匀，装盘，撒上白芝麻。

黄瓜拌绿豆芽

难易度：★★☆☆☆　　2人份

烹饪时间
Times
3分钟

原料

黄瓜200克，绿豆芽80克，红椒15克，蒜末、葱花各少许

调料

盐2克，鸡粉2克，陈醋4毫升，芝麻油、食用油各适量

烹饪小提示

绿豆芽性寒，拌制此菜时可以配上一点姜丝，以中和它的寒性。而红椒辣味较重，可根据个人口味适当调整。

做法

❶ 将清洗干净的黄瓜先切片，后切丝，洗净的彩椒切成丝。

❷ 开水锅中加食用油，放入绿豆芽、红椒，熟后捞出，沥干，装碗。

❸ 再放入黄瓜丝，加盐、鸡粉；放入蒜末、葱花，倒入陈醋，拌匀。

❹ 淋入少许芝麻油，把碗中的食材搅拌均匀，装入盘中。

做法

1 洗净的茄子去皮，切条；把熟土豆压成泥状，备用。

2 茄子在蒸锅中蒸熟；油锅中放入蒜、肉末炒散。

3 淋入料酒，炒匀；放入生抽，炒匀，倒入备好的土豆泥，炒匀。

4 注入少许清水，略炒，加入适量盐、鸡粉，炒匀。

5 茄子装入碗中，放入炒好的食材，加葱花、生抽、芝麻油搅匀，装盘。

烹饪时间 Times 18分钟

土豆泥拌蒸茄子

难易度：★★☆☆☆　　2人份

原料

茄子100克，熟土豆80克，肉末90克，蒜末、葱花各少许

调料

盐2克，鸡粉2克，料酒10毫升，生抽13毫升，芝麻油3毫升，食用油适量

烹饪小提示

茄子切好后应浸入清水中，否则很容易氧化变黑。若是儿童食用此菜，肉末宜切碎些，有利于消化吸收。

彩椒拌腐竹

烹饪时间
Times
3分钟

难易度：★★☆☆☆　　👥 2人份

🥢 原料

水发腐竹200克，彩椒70克，蒜末、葱花各少许

🥣 调料

盐3克，生抽2毫升，鸡粉2克，芝麻油2毫升，辣椒油3毫升，食用油适量

💡 烹饪小提示

腐竹宜用温水泡发，不能用热水，否则腐竹会碎掉，且彩椒的焯煮时间不宜过久，以免影响成品外观。

🥄 做法

❶ 彩椒切丝，开水锅中，加食用油、盐。

❷ 倒入洗好的腐竹、彩椒，搅匀，煮至食材熟透，捞出，装碗。

❸ 放入适量备好的蒜末、葱花。

❹ 加入适量盐、生抽、鸡粉、芝麻油、辣椒油。

❺ 用筷子拌匀，至食材入味，盛出，装盘。

烹饪时间
Times
2分钟

腐乳拌薄荷鱼腥草

难易度：★☆☆☆☆　　👥 1人份

🍖 **原 料**

鱼腥草130克，鲜薄荷叶少许

🧂 **调 料**

腐乳35克，白糖少许，生抽4毫升，白醋6毫升，辣椒油10毫升

🍳 **做 法**

1.将腐乳装入备好的碟中，加入少许白糖。2.淋入适量辣椒油、白醋，搅散，搅拌均匀，制成辣酱汁，待用。3.取一个干净的大碗，盛入洗净的鱼腥草。4.撒上备好的鲜薄荷叶，浇上辣酱汁。5.搅拌均匀，淋上少许生抽，快速搅拌一会儿，至食材入味，盛出拌好的食材，摆盘即可。

凉拌卤豆腐皮

难易度：★★☆☆☆　　👥 2人份

🍖 **原 料**

豆腐皮230克，黄瓜60克，卤水350毫升

🧂 **调 料**

芝麻油适量

🍳 **做 法**

1.洗净的豆腐皮切细丝，洗好的黄瓜切片，改切成丝。2.锅置于火上，倒入卤水，放入豆腐皮，拌匀。3.加盖，大火烧开后转小火卤约20分钟至熟。4.揭盖，关火后将卤好的材料倒入碗中，放凉后滤去卤水。5.豆腐皮、黄瓜放入碗中，淋上芝麻油，拌匀；拌好的豆腐皮装入用黄瓜装饰的盘中。

烹饪时间
Times
24分钟

清拌金针菇

烹饪时间 Times 5分钟

难易度：★☆☆☆☆　　👥3人份

🍴 原料

金针菇300克，朝天椒15克，葱花少许

🥢 调料

橄榄油适量，盐2克，鸡粉2克，蒸鱼豉油30毫升，白糖2克

🍳 做法

1.金针菇切去根部，朝天椒切圈。2.开水锅中放入盐、橄榄油，倒入金针菇，煮熟，捞出，沥干，装盘，铺平摆好。3.朝天椒圈装入碗中，加蒸鱼豉油、鸡粉、白糖，拌匀，制成味汁。4.将味汁浇在金针菇上，再撒上葱花。5.锅中注入橄榄油，烧热；将热油浇在金针菇上即可。

烹饪时间 Times 31分钟

玉米拌豆腐

难易度：★☆☆☆☆　　👥3人份

🍴 原料
玉米粒150克，豆腐200克

🥢 调料
白糖3克

🍳 做法

1.洗净的豆腐切厚片，再切粗条，改切成丁。2.蒸锅注水烧开，放入装有玉米粒和豆腐丁的盘子。3.加盖，用大火蒸30分钟至熟透。4.揭盖，关火后取出蒸好的食材。5.备一盘，放入蒸熟的玉米粒、豆腐，趁热撒上白糖即可食用。

🍳 做 法

❶ 金针菇切去根部，彩椒切细丝，洗净的豆干切粗丝。

❷ 开水锅中倒入豆干，略煮，捞出。

❸ 锅中注水烧开，倒入金针菇、彩椒，拌匀，煮至断生，捞出，沥干。

❹ 取大碗，倒入金针菇、彩椒、豆干，拌匀。

❺ 撒上蒜末，加盐、鸡粉、芝麻油，拌匀，装盘即可。

烹饪时间
Times
4 分钟

金针菇拌豆干

难易度：★★☆☆☆　　👤2人份

🥬 原 料

金针菇85克，豆干165克，彩椒20克，蒜末少许

🥄 调 料

盐、鸡粉各2克，芝麻油6毫升

🍵 烹饪小提示

豆干和金针菇两者都较软，焯煮的时间不宜过长，以免影响口感。若是夏天食用，可将此菜先冷藏一会儿。

① 将洗净的油麦菜切段，装入盘中，待用。

② 开水锅中加入食用油，放入切好的油麦菜，搅拌匀，煮约1分钟，捞出，沥干。

③ 将焯煮熟的油麦菜装入碗中，撒上蒜末。

④ 倒入熟芝麻，加芝麻酱、盐、鸡粉。

⑤ 快速搅拌一会儿，至食材入味，盛出，撒上洗净的枸杞即成。

烹饪时间
Times
3分钟

芝麻酱拌油麦菜

难易度：★★☆☆☆　👤2人份

原料

油麦菜240克，芝麻酱35克，熟芝麻5克，枸杞、蒜末各少许

调料

盐、鸡粉各2克，食用油适量

烹饪小提示

焯煮油麦菜时多加一些食用油，且焯煮时间不宜太久，这样可使成品的色泽更翠绿。

雪梨拌莲藕

难易度：★★☆☆☆　　🍴 3人份

烹饪时间
Times
3分钟

🔷 原 料

莲藕200克，雪梨180克，枸杞、葱花各少许

🔶 调 料

白糖7克，白醋11毫升，盐3克

🔷 烹饪小提示

将拌好的食材用保鲜膜包好，放进冰箱冷冻一下再食用，口感会更佳。

🔪 做 法

❶ 莲藕清洗干净，去皮后切片，洗净去皮的雪梨切片。

❷ 开水锅中加入白醋、盐，焯煮雪梨、藕片，略煮，捞出。

❸ 将焯过水的藕片和雪梨片倒入碗中，放入葱花、枸杞。

❹ 加入白糖、盐、白醋，搅匀；盛出，装入盘中即可。

凉拌苦瓜

难易度：★★☆☆☆　　🧑 2人份

烹饪时间
Times
4分钟

⊙ 原 料

苦瓜300克，蒜末10克

🍶 调 料

盐3克，鸡粉2克，味精1克，白糖1克，
食粉、芝麻油各适量

⊙ 烹饪小提示

苦瓜去籽切成条后放入冰水中浸泡一
段时间后再拿出来烹制，可减轻其的
苦味。

🥄 做 法

❶ 将清洗干净的苦瓜切开，掏去瓤籽，先切段，再切成条。

❷ 锅中加清水烧开，加食粉、盐，倒入苦瓜拌匀，熟后捞出。

❸ 放凉苦瓜，放入碗中，加入蒜末、盐、鸡粉、味精、白糖。

❹ 淋入少许芝麻油，拌匀，将拌好的苦瓜夹入盘中即可。

做法

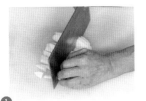

1
洗净去皮的土豆切小块，装入蒸盘，待用。

2
豌豆放入碗中，加白糖、盐，再注入清水，搅匀。

3
土豆、豌豆放入蒸锅中蒸熟，放凉后分别碾成泥状。

4
将土豆泥放入碗中，倒入豌豆搅拌匀。

5
加盐、白糖、鸡粉、胡椒粉、芝麻油，搅拌均匀至入味，装盘。

烹饪时间 Times 32分钟

豌豆拌土豆泥

难易度：★★☆☆☆ 👤 2人份

原料

豌豆85克，土豆140克

调料

盐2克，白糖2克，鸡粉、胡椒粉、芝麻油各适量

烹饪小提示

豌豆提前泡涨后，会更容易煮熟；土豆不用压很烂，口感也很好。制作这道凉拌菜时，可依据个人口味适当增减白糖的用量。

做法

① 将食材洗净，海带切成丝，放入开水锅中，加少许食用油、盐。

② 放入豌豆苗，搅拌匀，略煮片刻后倒入枸杞。

③ 续煮一会儿，捞出焯煮好的食材，沥干水分，备用。

④ 把焯好的食材装入碗中，放入蒜末、鸡粉、盐、蒸鱼豉油、陈醋。

⑤ 再放入芝麻油，拌匀入味，装盘即可。

海带拌豆苗

难易度：★★☆☆☆　　👥 1人份

烹饪时间
Times
3分钟

原料

海带70克，枸杞10克，豌豆苗100克，蒜末少许

调料

盐2克，鸡粉2克，陈醋6毫升，蒸鱼豉油8毫升，芝麻油2毫升，食用油适量

烹饪小提示

海带盐含量较高，宜先浸泡数小时后，再清洗。豌豆苗较嫩，焯水时间不宜过长，以免影响豌豆苗脆嫩的口感。

凉拌豌豆苗

难易度：★☆☆☆☆　　🍽 2人份

烹饪时间
Times
3分钟

◎ 原料

豌豆苗200克，彩椒40克，枸杞10克，
蒜末少许

◎ 调料

盐2克，鸡粉2克，芝麻油2毫升，食用
油适量

◎ 烹饪小提示

这道菜需突出豌豆苗本身的清爽口
感，因此不宜加太多调料。枸杞能养
肝明目，长期用眼的人可多食用。

✍ 做法

❶ 清洗干净的彩椒先切
片，再切成丝，装碗
备用。

❷ 开水锅中放入食用油，
加入枸杞、豌豆苗，煮
至断生，捞出，沥干。

❸ 将焯煮好的食材装入
碗中，放入蒜末，加入
彩椒丝，加盐、鸡粉。

❹ 淋少许芝麻油，用筷
子搅拌匀。

腊八豆拌金针菇

难易度：★★☆☆☆　　👥 1人份

烹饪时间
Times
3分钟

🥘 原　料

腊八豆酱20克，金针菇130克，葱花少许

🧂 调　料

盐1克，鸡粉2克，黑芝麻油、食用油各适量

🍳 烹饪小提示

腊八豆酱本身具有咸味，拌制时只需放入少许盐。金针菇的焯煮时间不宜过久，以保持金针菇的鲜嫩口感。

🔪 做　法

❶ 洗净的金针菇切去老茎，装入备好的盘中，待用。

❷ 开水锅中加入盐、食用油，放入金针菇，煮至其熟透，捞出，装碗。

❸ 加入适量鸡粉、腊八豆酱，撒入少许备好的葱花。

❹ 再淋入适量黑芝麻油，拌匀调味，装盘即可。

做 法

❶ 开水锅中，加盐、食用油，焯煮扁豆和香菇，搅匀，捞出，沥干。

❷ 把放凉的香菇切成条状，扁豆切成长条。

❸ 把切好的香菇装入碗中，加盐、鸡粉、芝麻油，拌匀。

❹ 将扁豆装入碗中，加盐、鸡粉、淋入白醋、芝麻油，拌。

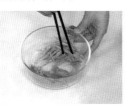

❺ 将拌好的扁豆装入盘中，再放上香菇即可。

烹饪时间
Times
3 分钟

冬菇拌扁豆

难易度：★★☆☆☆　👥1人份

🥩原 料

鲜香菇60克，扁豆100克

🧂调 料

盐4克，鸡粉4克，芝麻油4毫升，白醋、食用油各适量

⊙ 烹饪小提示

鲜香菇宜先用温开水浸泡后再切。生扁豆含有有毒物质，宜煮熟透后再食用，否则易引发食物中毒。

做法

① 西葫芦切片倒入开水锅中，加盐、食用油，煮熟，捞出，沥干。

② 花生米、腰果倒入沸水锅中，略煮，捞出沥干。

③ 热锅注油，烧至四成热，放入花生米、腰果，炸出香味，捞出。

④ 西葫芦加盐、鸡粉、生抽、蒜末、葱花，拌匀。

⑤ 加入芝麻油、花生米和腰果，拌匀，装盘。

烹饪时间
Times
5 分钟

果仁凉拌西葫芦

难易度：★★☆☆☆　　👤 3人份

🥬 原料

花生米100克，腰果80克，西葫芦400克，蒜末、葱花各少许

🧂 调料

盐4克，鸡粉3克，生抽4毫升，芝麻油2毫升，食用油适量

🍲 烹饪小提示

将西葫芦切成片，会更加美观。花生米和腰果在焯煮后要沥干水分再放入热锅中，以避免炸制时油花四溅。

家常拌粉丝

难易度：★☆☆☆☆　　👥 3人份

烹饪时间 Times 2分钟

🌏 原料

熟粉丝240克，菜心75克，水发木耳45克，黄瓜60克，蒜末少许

🍶 调料

鸡粉2克，盐2克，芝麻油7毫升，辣椒油6毫升

🥢 烹饪小提示

黄瓜富含维生素C，作为凉拌菜食用可以防止营养流失。粉丝焯熟后过一下凉水，会使口感更清爽。

🍳 做法

❶ 洗好的木耳切碎，洗净的黄瓜切段，再切片，改切成细丝。

❷ 洗好的菜心切段，菜叶切丝，将菜梗剖开，改切成细丝，备用。

❸ 碗中倒入菜心、粉丝、黄瓜、木耳、蒜末，加鸡粉、盐、芝麻油。

❹ 淋入辣椒油，拌匀，至食材入味，盛入盘中即可。

凉拌花菜

难易度：★★☆☆☆　2人份

🕒 烹饪时间 Times 3分钟

原 料

花菜300克，蒜末、葱花各少许

调 料

盐2克，鸡粉3克，辣椒油适量

做 法

1.锅中注入适量清水烧开，倒入处理好的花菜，焯煮约1分钟至断生。2.关火后将焯煮好的花菜捞出，装入备好的碗中。3.倒入适量凉水，冷却后，倒出凉水，加入适量蒜末、葱花。4.放入少许盐、鸡粉、辣椒油，搅拌均匀。5.盛入备好的盘中，撒上葱花即可。

红油拌秀珍菇

难易度：★★☆☆☆　2人份

原 料

秀珍菇300克，葱花、蒜末各少许

调 料

盐、鸡粉、白糖各2克，生抽、陈醋、辣椒油各5毫升

做 法

1.锅中注入适量清水烧开，倒入秀珍菇，焯煮片刻至断生。2.关火后捞出焯煮好的秀珍菇，沥干水分，装入盘中，备用。3.取一碗，倒入秀珍菇、蒜末、葱花。4.加入盐、鸡粉、白糖、生抽、陈醋、辣椒油。5.用筷子搅拌均匀，装入备好的盘中即可。

🕒 烹饪时间 Times 4分钟

做 法

❶ 茼蒿、芹菜、香菜切段。

❷ 锅中注水烧开，加盐，倒食用油；倒入杏仁，煮半分钟至其断生；捞出，沥干水分。

❸ 将芹菜倒入沸水锅中，加入茼蒿，煮半分钟；捞出。

❹ 把芹菜和茼蒿装入碗中，加入香菜、蒜末。

❺ 加入盐、陈醋、白糖、芝麻油，拌匀调味；盛出，放上备好的杏仁即可。

烹饪时间
Times
3分钟

杏仁拌茼蒿

难易度：★★☆☆☆　　🍴 2人份

🌿 原料

茼蒿200克，芹菜70克，香菜20克，杏仁30克，蒜末少许

🧂 调料

盐3克，陈醋8毫升，白糖5克，芝麻油2毫升，食用油适量

🍲 烹饪小提示

茼蒿易熟，下锅不宜久焯。杏仁具有很强的抗氧化功效，下锅煮的时间同样不宜过久，否则会影响其脆嫩的口感。

烹饪时间
Times
4分钟

枸杞拌芥蓝梗

难易度：★★☆☆☆　　👤 1人份

🍲 原料

芥蓝梗85克，熟黄豆60克，枸杞10克，姜末、蒜末各少许

🥣 调料

盐2克，鸡粉2克，生抽3毫升，芝麻油、辣椒油各少许，食用油适量

🍳 做法

① 将洗净的芥蓝梗去皮，切成丁。

② 开水锅中放入食用油、盐，倒入芥蓝梗，搅拌几下，煮1分钟。

③ 加入枸杞，煮片刻至芥蓝梗断生，捞出，沥干，装碗。

④ 将熟黄豆放入碗中，放姜末、蒜末，加盐、鸡粉。

⑤ 淋入生抽、芝麻油、辣椒油，搅拌至食材入味，装盘即可。

🍽 烹饪小提示

芥蓝带有一定的苦味，加入枸杞口感会更好。芥蓝梗较粗，不易熟透，焯水的时间要适当长些。

豆皮丝拌香菇

难易度：★★☆☆☆　　🧑 1人份

烹饪时间 Times 5分钟

🥦 原 料

香干4片，红椒30克，水发香菇25克，蒜末少许

🧂 调 料

盐、鸡粉、白糖各2克，生抽、陈醋、芝麻油各5毫升，食用油适量

🍳 做 法

1.香干、香菇切粗丝，红椒切丝。2.开水锅中倒入香干丝、香菇丝，焯熟后捞出。3.取一碗，倒入香干，加盐、鸡粉、白糖、生抽、陈醋、芝麻油，搅匀。4.油起锅，倒入香菇丝，放入蒜末、红椒丝，炒匀，加盐，炒熟。5.将炒好的菜肴放入装有香干丝的碗中，搅匀即可。

枸杞拌蚕豆

难易度：★★☆☆☆　　🧑 3人份

烹饪时间 Times 32分钟

🥦 原 料
蚕豆400克，枸杞20克，香菜10克，蒜末10克

🧂 调 料
盐1克，生抽、陈醋各5毫升，辣椒油适量

🍳 做 法

1.开水锅中加盐、蚕豆、枸杞，拌匀，大火煮开后转小火续煮30分钟，捞出。2.锅中倒入辣椒油，放入蒜末，爆香。3.加入生抽、陈醋，拌匀，制成酱汁。4.将酱汁倒入蚕豆和枸杞中，搅匀。5.盛出，点缀香菜即可。

凉拌竹笋尖

难易度：★★☆☆☆　　👤 1人份

烹饪时间
Times
3 分钟

🍄 原 料

竹笋129克，红椒25克

🧂 调 料

盐2克，白醋5毫升，鸡粉、白糖各少许

🌶 烹饪小提示

竹笋能开胃健脾，制作成凉拌菜食用更加鲜脆爽口，但要注意焯水时间不宜过长，以免影响其口感。

🍴 做 法

❶ 去皮洗好的竹笋切小块，洗净的红椒去籽，切丝。

❷ 开水锅中倒入竹笋，煮至变软；放入彩椒，煮至断生，捞出，沥干。

❸ 将焯过水的食材装入备好的碗中，加入少许盐、鸡粉。

❹ 再放入少许白糖、白醋，搅拌至食材入味，装盘。

做 法

❶ 香菜切2厘米长的段，红椒去籽，切成丝，竹笋切3厘米长的段。

❷ 锅中加约800毫升清水烧开，倒入竹笋。

❸ 加少许食用油、盐，煮约2分钟至熟，捞出。

❹ 将煮好的竹笋盛入碗中，加盐、鸡粉，倒入切好的红椒丝。

❺ 再加入香菜，淋入适量的辣椒油、芝麻油，拌匀，装盘。

烹饪时间
Times
4 分钟

香菜拌竹笋

难易度：★★☆☆☆　　3人份

原 料

竹笋300克，香菜20克，红椒20克

调 料

盐3克，鸡粉1克，辣椒油10毫升，食用油、芝麻油各适量

烹饪小提示

竹笋煮好后，放入清水中可去除其涩味。竹笋属于低热量的食物，是很好的凉拌佳蔬，适当加入香菜口感会更好。

Times
5分钟
烹饪时间

甜椒拌苦瓜

难易度：★★☆☆☆　　👤 1人份

🥬 原 料

苦瓜150克，彩椒、蒜末各少许

🧂 调 料

盐、白糖各2克，陈醋9毫升，食粉、芝麻油、食用油各适量

🍳 烹饪小提示

将苦瓜焯好后，用冰水或者凉开水冲一下，可减轻其苦味，而且食用时口感更脆嫩，口味更清香。

🍴 做 法

❶ 苦瓜去瓤，再切粗条，洗好的彩椒切粗丝备用。

❷ 开水锅中淋入食用油，焯煮彩椒丝，捞出，沥干。

❸ 沸水锅中倒入苦瓜条，撒食粉，拌匀；煮至食材熟透后捞出，沥干。

❹ 取一个大碗，放入焯熟的苦瓜条、彩椒丝。

❺ 撒上蒜末，加盐、白糖，倒入陈醋、芝麻油，拌匀，装入盘中。

蜜汁苦瓜

难易度：★★☆☆☆　　　🍚 1人份

🍳 **原 料**

苦瓜130克，蜂蜜40毫升

🍱 **调 料**

凉拌醋适量

烹饪时间
Times
3 分钟

🥢 **烹饪小提示**

苦瓜中加入适量蜂蜜，可起到减少苦味的效果。焯煮苦瓜时加少许食粉，还可缩短焯煮时间。

🍳 **做 法**

❶ 清洗干净的苦瓜切开，去除瓜瓤，用斜刀切成片。

❷ 锅中注水烧开，倒入切好的苦瓜，搅拌片刻，再煮约1分钟。

❸ 煮至食材全部熟软后捞出，然后沥干水分，待用。

❹ 将苦瓜装入碗中，倒入蜂蜜、凉拌醋；搅至食材入味，盛出即可。

葱丝拌熏干

难易度：★★☆☆☆　　📖 2人份

🥘 原料

熏干180克，大葱70克，红椒15克

🧂 调料

盐2克，白糖2克，陈醋6毫升，鸡粉2克

烹饪时间
Times
4分钟

🍵 烹饪小提示

待焯过水的熏干放凉后再拌，这样会更加爽口。且大葱含有特殊的香味物质，有较强的抑菌作用，有炎症者可多吃本品。

🍳 做 法

❶ 洗净的大葱切开，改切成细丝，熏干切粗丝，红椒切细丝。

❷ 开水锅中倒入熏干，用大火煮至断生，捞出，沥干，待用。

❸ 将葱丝放入盘中，放上熏干，摆放好，待用。

❹ 用油起锅，倒入红椒，炒匀炒香。

❺ 加入适量盐、白糖、陈醋、鸡粉，拌匀，调成味汁，浇在熏干上即成。

Part 3

最爱凉拌荤菜，
嫩滑爽口

　　肉类作为人们日常食物的主要来源，为人体提供了大量优质蛋白质、脂肪、维生素和矿物质，是均衡膳食中必不可少的一部分。此外，肉类食物嫩滑爽口，味道鲜美，倘若凉拌菜中少了肉，岂不少了很多乐趣？肉，自然得吃。本章挑选出的多道凉拌荤菜，多以各种熟拌的方式制作而成，让你在大快朵颐的同时，吃得更健康、更营养。

卤猪肚

难易度：★★☆☆☆　　🍴5人份

🥦 **原料**

猪肚450克，白胡椒20克，姜片、葱结各少许

🧂 **调料**

盐2克，生抽4毫升，料酒、芝麻油、食用油各适量

🍳 **做法**

1. 锅中注水烧开，放入猪肚，氽煮片刻后捞出。
2. 锅中注水烧开，倒入猪肚、姜片、葱结、白胡椒。
3. 加食用油、盐、生抽、料酒，拌匀，大火烧开后转小火卤60分钟至食材熟软。
4. 关火后取出卤好的猪肚，放凉待用。
5. 将猪肚切成粗丝，盘中摆好，浇上少许芝麻油即可。

烹饪时间
Times
63分钟

烹饪时间
Times
42分钟

酱鸭子

难易度：★★☆☆☆　　🍴7人份

🥦 **原料**　鸭肉650克，八角、桂皮、香葱、姜片各少许

🧂 **调料**　甜面酱10克，料酒、老抽各5毫升，生抽10毫升，白糖、盐各3克，食用油适量

🍳 **做法**

1. 处理好的鸭肉里外抹老抽、甜面酱，腌渍至入味。
2. 热锅油烧热，放鸭肉，煎至两面微黄，盛出。
3. 锅底留油烧热，倒八角、桂皮、姜片、香葱，炒制片刻。
4. 加水、调料，放鸭肉，煮至熟。
5. 汤汁装碗，鸭肉斩块装盘，浇汤汁即可。

✒ 做 法

❶ 开水锅中倒入韭菜，汆煮至断生，捞出，放凉后切小段；生姜切末。

❷ 油起锅，倒入蛋液，煎至两面微焦，蛋皮切丝。

❸ 放姜、蒜、生抽、白糖、鸡粉、香醋、花椒油、辣椒油、芝麻油拌匀，制成酱汁。

❹ 取一碗，倒入韭菜、蛋丝，撒白芝麻，淋酱汁拌匀。

❺ 将拌好的菜肴摆在盘中，浇上剩余酱汁，撒上白芝麻即可。

烹饪时间
Times
4分钟

蛋丝拌韭菜

难易度：★★☆☆☆　🍚 1人份

🥬 原 料

韭菜80克，鸡蛋1个，生姜15克，白芝麻、蒜末各适量

🧂 调 料

白糖、鸡粉各1克，生抽、香醋、花椒油、芝麻油各5毫升，辣椒油10毫升，食用油适量

💧 烹饪小提示

韭菜易熟，汆煮时间不要过长，以免失去清爽口感；韭菜遇到空气后，味道会加重，最好在拌制时再切。

车前草拌鸭肠

难易度：★☆☆☆☆　　🍴1人份

烹饪时间
Times
3分钟

🍄 原 料

鸭肠120克，车前草30克，枸杞10克，
蒜末少许

调 料

盐、鸡粉各1克，生抽、陈醋、芝麻油
各5毫升

🍳 烹饪小提示

在拌制过程中，若喜欢偏辣的口味，
可加入适量朝天椒凉拌；此外，汆煮
鸭肠时，可放橘皮，去腥效果更好。

✍ 做 法

❶ 鸭肠切段；沸水锅中
倒入切好的鸭肠；汆
煮至去腥、断生。

❷ 将鸭肠捞出，装入碗
中，备用；鸭肠中倒
入洗好的车前草。

❸ 放入枸杞、蒜末、
盐、鸡粉、生抽、芝
麻油、陈醋。

❹ 拌匀至入味，将拌好
的鸭肠和车前草装盘
即可。

🥢 做法

❶ 内酯豆腐切小块，熟鸡蛋去壳，切小块，皮蛋去壳，切小瓣。

❷ 开水锅中倒入豆腐，略煮一会儿，捞出，沥干，装盘。

❸ 锅中倒入青豆，煮至熟透，捞出，待用。

❹ 取一碟，加鸡粉、生抽、香醋，搅匀制成味汁。

❺ 在豆腐上放入皮蛋、鸡蛋、青豆；浇上调好的味汁，撒上葱花即可。

烹饪时间
Times
2分钟

青黄皮蛋拌豆腐

难易度：★★☆☆☆　　👥 3人份

🍲 原料

内酯豆腐300克，皮蛋1个，熟鸡蛋1个，青豆15克，葱花少许

🍶 调料

鸡粉2克，生抽6毫升，香醋2毫升

🍵 烹饪小提示

豆腐可以切小一点，这样更易入味；青豆要彻底煮熟煮透，以免食用未煮熟的青豆中毒。

红油皮蛋拌豆腐

难易度：★★☆☆☆　　🍚 2人份

🥗 原料

皮蛋2个，豆腐200克，蒜末、葱花各少许

🧂 调料

盐、鸡粉各2克，陈醋3毫升，红油6毫升，生抽3毫升

💡 烹饪小提示

皮蛋可以切得薄一点，这样更易入味；豆腐放在开水中，加盐焯煮一下，沥干水分再拌，可去除异味。

🥄 做法

❶ 洗好的豆腐切成厚片，再切成条，改切成小块，备用。

❷ 去皮的皮蛋切成瓣，摆入盘中，备用。

❸ 取一个碗，倒入蒜末、葱花，加入少许盐、鸡粉、生抽。

❹ 再淋入少许陈醋、红油，调匀，制成味汁。

❺ 将切好的豆腐放在皮蛋上，浇上调好的味汁，撒上葱花即可。

粉皮拌荷包蛋

难易度：★★☆☆☆　　 2人份

烹饪时间
Times
7分钟

原 料

粉皮160克，黄瓜85克，彩椒10克，鸡蛋1个，蒜末少许

调 料

盐、鸡粉各2克，生抽6毫升，辣椒油适量

烹饪小提示

煮荷包蛋应在水似开非开时将蛋倒入锅中，关火，加锅盖焖两分钟，再开火续煮一会，这样荷包蛋更完整。

做 法

❶ 将黄瓜、彩椒用清水洗净，然后再切成细丝，备用。

❷ 开水锅中，打入鸡蛋，中火煮约5分钟，捞出，放凉后切成小块。

❸ 取碗，倒入泡软的粉皮，放黄瓜丝、彩椒丝，拌匀，撒蒜末。

❹ 加盐、鸡粉、生抽、辣椒油，搅匀；食材装盘，放上荷包蛋即成。

鸡蓉拌豆腐

难易度：★★☆☆☆　　👥 2人份

烹饪时间
Times
3 分钟

🍲 原 料

豆腐200克，熟鸡胸肉25克，香葱少许

🥄 调 料

白糖2克，芝麻油5毫升

🍳 烹饪小提示

焯煮豆腐时，可加少许盐，让豆腐更入味、嫩滑。拌制此菜时可加入少许黑胡椒，这样吃起来更有风味。

🔪 做 法

❶ 香葱切段，豆腐切成小丁，将熟鸡胸肉切成碎末。

❷ 沸水锅中倒入切好的豆腐，略煮一会儿，去除豆腥，捞出。

❸ 取一个大碗，倒入备好的豆腐丁、鸡蓉、葱花。

❹ 加白糖、芝麻油，搅拌匀；将拌好的菜肴装入盘中即可。

清爽香菜拌皮蛋

难易度：★★☆☆☆　　2人份

原料

皮蛋2个，黄瓜180克，香菜碎、蒜末各少许

调料

罕宝山核桃油10毫升，盐2克，鸡粉1克，生抽、陈醋各5毫升

做法

1. 洗净的黄瓜切片；皮蛋壳敲碎，去除壳，对半切开，改切成瓣。2. 黄瓜片中加入盐，拌匀，腌渍10分钟使其入味。3. 取一碗，倒入蒜末，加香菜碎，加盐、鸡粉、生抽、陈醋。4. 再淋入山核桃油，拌匀，制成调味汁。5. 将切好的皮蛋整齐摆入盘中，中间放入腌渍好的黄瓜片，淋上调好的味汁即可。

皮蛋拌魔芋

难易度：★★☆☆☆　　3人份

原料

汇润魔芋大结280克，去皮皮蛋2个，朝天椒5克，香菜叶、蒜末、姜末、葱花各少许

调料

盐2克，白糖3克，芝麻油、生抽、陈醋、辣椒油各5毫升

做法

1. 洗净的朝天椒切圈，皮蛋切小瓣。2. 开水锅中放入魔芋大结，焯煮片刻，捞出，沥干。3. 取一盘，沿盘边摆放上切好的皮蛋。4. 另取一碗，倒入朝天椒圈、姜末、葱花，加生抽、陈醋、盐、白糖、芝麻油、辣椒油搅匀。5. 放入香菜叶，制成调味汁，浇在魔芋大结上即可。

❶ 洗净的苦瓜去籽，切片；洗好的彩椒、鸡胸肉切片。

❷ 鸡胸肉加油、盐、鸡粉、水淀粉腌渍10分钟至入味。

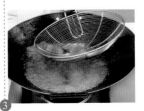

❸ 开水锅中注油，焯煮彩椒；加食粉，焯煮苦瓜，捞出。

❹ 锅中油烧至四成热，倒入鸡肉片，搅匀，滑油至转色，捞出，沥干。

苦瓜拌鸡片

难易度：★★☆☆☆ 　2人份

Times 15分钟

🍴 原料

苦瓜120克，鸡胸肉100克，彩椒25克，蒜末少许

🧂 调料

盐3克，鸡粉2克，生抽3毫升，食粉、黑芝麻油、水淀粉、食用油各适量

💡 烹饪小提示

可用酒混合胡萝卜冲洗鸡肉，去除腥味；苦瓜焯水时，加适量食用油，可使苦瓜的颜色更鲜翠。

❺ 碗中放苦瓜、彩椒、鸡肉片，加蒜末、盐、鸡粉、生抽、芝麻油拌匀，装盘。

凉拌手撕鸡

难易度：★☆☆☆☆　👥 2人份

🍳 **原 料**

> 熟鸡胸肉160克，红椒、青椒各20克，葱花、姜末各少许

🥄 **调 料**

> 盐2克，鸡粉2克，生抽4毫升，芝麻油5毫升

烹饪时间
⏱ Times
3分钟

🍴 **烹饪小提示**

鸡肉要尽量撕得均匀些，这样成品会更美观；拌好的手撕鸡可放在冰箱中冷冻一会再拿出来食用，风味更佳。

✍ **做 法**

❶ 红椒、青椒切开，去籽，再切细丝；把熟鸡胸肉撕成细丝。

❷ 取一个碗，倒入鸡肉丝、青椒、红椒、葱花、姜末。

❸ 加入适量的盐、鸡粉，再淋入少许生抽、芝麻油。

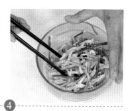

❹ 搅拌匀，至食材入味；将拌好的食材装入盘中即成。

怪味鸡丝

难易度：★★☆☆☆　　👥 2人份

烹饪时间
Times
19分钟

🍀 原 料

鸡胸肉160克，绿豆芽55克，姜末、蒜末各少许

🧂 调 料

芝麻酱5克，鸡粉2克，盐2克，生抽5毫升，白糖3克，陈醋6毫升，辣椒油10毫升，花椒油7毫升

🍴 烹饪小提示

食用绿豆芽不宜丢弃上部的豆瓣，以保持其营养；焯煮的时间不宜太久，以绿豆芽八九分熟为佳。

🔪 做 法

❶ 开水锅中倒入鸡胸肉，烧开后小火煮15分钟，捞出后切成粗丝。

❷ 开水锅中倒入绿豆芽，焯熟后捞出；将鸡肉丝摆放在黄豆芽上。

❸ 取一碗，加芝麻酱、鸡粉、盐、生抽，放蒜末、姜末，搅匀。

❹ 加白糖、陈醋、辣椒油、花椒油，拌匀；将调好的味汁浇在食材上即可。

做 法

1 红葱头切细末，生姜切末；取一碟，倒入红葱末，撒上姜末，拌匀。

2 盛入少许热油，加鸡粉、盐，拌匀，调成味汁。

3 锅中注水烧开，放入洗净的鸡腿，用中小火煮约15分钟至熟。

4 捞出煮好的鸡腿，浸入凉开水中，去除油脂。

5 将鸡腿沥干水分，放凉后切成小块，摆放在盘中，浇上味汁即可。

烹饪时间
⏱ Times
17分钟

红葱头鸡

难易度：★★☆☆☆　　👥 3人份

🔸 原 料

鸡腿肉270克，红葱头60克，生姜30克

🔹 调 料

盐、鸡粉各少许，食用油适量

🔵 烹饪小提示

煮鸡腿时，加入调料，可去除异味，提鲜；盛出鸡腿前，最好撇去浮油，这样食用时就不会太油腻。

三油西芹鸡片

难易度：★★☆☆☆　🍴 3人份

烹饪时间 Times 19分钟

🍲 原料

鸡胸肉170克，西芹100克，花生碎30克，葱花少许

🍶 调料

盐2克，鸡粉2克，料酒7毫升，生抽4毫升，辣椒油6毫升

🍳 烹饪小提示

西芹焯煮的时间不宜过长，否则会失去其香脆多汁的口感。拌制时可加少许芝麻油，味道会更好。

🍴 做法

❶ 锅中水烧热，倒入鸡胸肉，淋料酒，烧开后中火煮15分钟至熟，捞出。

❷ 西芹洗净用斜刀切段，放凉的鸡胸肉切成片。

❸ 开水锅中倒入西芹，拌匀，煮至断生后捞出，沥干。

❹ 用盐、鸡粉、生抽、辣椒油、花生碎、葱花调成味汁。

❺ 将西芹整齐摆放在盘中，放入鸡胸肉，再浇上味汁即可。

鸡肉拌南瓜

难易度：★☆☆☆☆　　👤3人份

🍲 原 料

鸡胸肉100克，南瓜200克，牛奶80毫升

🥣 调 料

盐少许

🍳 烹饪小提示

南瓜本身含有较多的水分，蒸熟后要沥干；且南瓜有甜味，牛奶不宜加太多，以免掩盖南瓜本身的味道。

🔪 做 法

 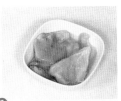  

❶ 南瓜洗净去皮，再切成小丁块，装入盘中，待用。

❷ 处理好的鸡肉装入碗中，加盐，加少许清水，待用。

❸ 烧开蒸锅，将食材用中火蒸约15分钟至熟，把鸡肉撕成丝。

❹ 将食材倒入碗中，加适量牛奶，拌匀；再淋上少许牛奶即可。

香辣鸡丝豆腐

难易度：★☆☆☆☆　　👥3人份

烹饪时间
Times
2分钟

🥩 原料

熟鸡肉80克，豆腐200克，油炸花生米60克，朝天椒圈15克，葱花少许

🧂 调料

陈醋5毫升，生抽5毫升，白糖3克，芝麻油5毫升，辣椒油5毫升，盐少许

🍳 做法

1.熟鸡肉撕成丝，备好的熟花生米拍碎，洗净的豆腐切成块。2.开水锅中加盐，搅匀，倒入豆腐，氽煮片刻去除豆腥味，捞出，沥干，摆入盘底成花瓣状。3.将鸡丝堆放在豆腐上，用花生碎、朝天椒圈、生抽、白糖、陈醋、芝麻油、辣椒油、葱花制成酱汁。4.将调好的酱汁浇在鸡丝豆腐上即可。

烹饪时间
Times
27分钟

椒麻鸡片

难易度：★★☆☆☆　　👥4人份

🥩 原料

鸡脯肉250克，黄瓜190克，花生碎20克，葱段、姜片、蒜末、葱花各少许

🧂 调料

芝麻酱40克，鸡粉2克，生抽5毫升，陈醋5毫升，辣椒油3毫升，花椒油4毫升，盐4克，白糖3克，白醋3毫升，料酒4毫升

🍳 做法

1.洗净的黄瓜用斜刀切成不断的花刀，再切段。2.黄瓜加盐，腌渍5分钟，再加白糖、白醋、生抽，搅拌匀。3.开水锅中倒入鸡脯肉、盐、料酒、姜片、葱段，拌匀后中火煮至熟透。4.用花生碎、芝麻酱、盐、鸡粉、生抽、陈醋、辣椒油、花椒油、清水、蒜、葱制成椒麻汁。5.黄瓜、椒麻汁摆入盘中；鸡肉切片，放在黄瓜上即可。

麻酱鸡丝海蜇

烹饪时间
Times
2分钟

难易度：★☆☆☆☆　3人份

○ 原料

熟海蜇160克，熟鸡肉75克，黄瓜55克，大葱35克

○ 烹饪小提示

海蜇味道较咸，加盐不宜太多；鸡肉丝、海蜇丝及黄瓜条的大小最好差不多大，更美观、吃起来也更方便。

○ 调料

芝麻酱12克，盐、鸡粉、白糖各2克，生抽5毫升，陈醋10毫升，辣椒油、芝麻油各适量

○ 做法

❶ 洗净的大葱切开，改切粗丝；洗好的黄瓜切条形。

❷ 把备好的熟鸡肉切成条形，装入干净的碗中，备用。

❸ 用芝麻酱、盐、生抽、鸡粉、白糖、辣椒油、芝麻油、陈醋制成味汁。

❹ 盘子中放入大葱、黄瓜、鸡肉丝，倒入熟海蜇，浇上味汁即成。

香糟鸡条

难易度：★★☆☆☆　　👤3人份

烹饪时间
Times
154分钟

🍳原料

鸡胸肉260克，醪糟100克，姜片、葱段各少许

🍶调料

白酒12毫升，盐2克，鸡粉2克，料酒8毫升

🥘烹饪小提示

煮鸡胸肉时，可加点嫩肉粉，可使鸡肉更嫩滑；味汁可适量多放一些，使鸡肉更入味。

🍳做法

1 锅中注水烧热，倒入洗净的鸡胸肉，烧开后转小火煮至熟，捞出。

2 将鸡胸肉稍微放凉后，切成条，装入碗中，待用。

3 用醪糟、姜片、葱段、白酒、开水、盐、鸡粉、料酒调成味汁。

4 鸡胸肉中加入味汁，腌渍约2小时；将腌好的食材装盘即成。

做法

❶ 洗净的西芹、红椒、鸡胗切小块。

❷ 开水锅中加食用油、盐，放入西芹、红椒，焯熟后捞出。

❸ 沸水锅中淋生抽、料酒，倒入洗净切好的鸡胗，搅匀，煮至熟透，捞出。

❹ 把西芹和红椒倒入碗中，放入鸡胗。

❺ 再放蒜末，加盐、鸡粉，淋生抽、辣椒油、芝麻油，搅匀，装盘。

烹饪时间
Times
8 分钟

西芹拌鸡胗

难易度：★★☆☆☆　　3人份

原 料

鸡胗180克，西芹100克，红椒20克，蒜末少许

调 料

料酒3毫升，鸡粉2克，辣椒油4毫升，芝麻油2毫升，盐、生抽、食用油各适量

烹饪小提示

西芹表面的老皮比较硬，可先用削皮器轻轻地刮去这层老皮，这样炒出来的西芹更脆嫩。

烹饪时间
Times
3分钟

小白菜拌牛肉末

难易度：★★☆☆☆　👤3人份

🔖 原料

牛肉100克，小白菜160克，高汤100毫升

🔖 调料

盐少许，白糖3克，番茄酱15克，料酒、水淀粉、食用油各适量

🔖 烹饪小提示

炒制牛肉末时高汤不宜加太多，以免掩盖牛肉本身的鲜味；焯煮好的小白菜，要沥干水分，以免稀释牛肉末的味道。

🔖 做法

1 将洗好的小白菜切段，洗净的牛肉剁成肉末。

2 开水锅中加油、盐，放入小白菜，焯煮1分钟至其熟透，捞出装盘。

3 用油起锅，倒入牛肉末，炒匀，淋入料酒，炒香，倒入适量高汤。

4 加入适量番茄酱、盐、白糖，拌匀调味。

5 倒入适量水淀粉，搅匀，将牛肉末盛在装好盘的小白菜上即可。

烹饪时间
Times
6分钟

蜜酱鸡腿

难易度：★★★☆☆　👥 3人份

🍗 原 料

鸡腿350克，朗姆酒70毫升，苹果2个，蜂蜜15克，葱段25克，白芝麻10克，姜末、生菜丝适量

🥄 调 料

白糖、白胡椒粉各5克，料酒5毫升，生抽15毫升，食用油适量

🍴 做 法

1.鸡腿去骨，划一字刀。2.鸡腿肉加调料拌匀，保鲜膜密封，放冰箱保鲜12小时至腌渍入味。3.用蜂蜜、朗姆酒、生抽、料酒制成味汁，热锅中拌煮至浓稠。4.鸡腿肉在热油锅中煎出香味，放葱段。5.将味汁刷在鸡腿肉上，煎至焦黄。6.取出，切厚片；取一盘，摆生菜丝、鸡腿肉，撒白芝麻即可。

酱鸡胗

难易度：★★☆☆☆　👥 4人份

🍗 原 料
鸡胗块400克，万用卤包1个，香葱1把，生姜2块

🥄 调 料
料酒10毫升，生抽、老抽各5毫升，盐2克，鸡粉、白糖各3克

🍴 做 法

1.锅中水烧开，淋料酒，倒入鸡胗块，氽煮片刻后捞出，装盘备用。2.清水锅中倒入鸡胗、卤包、香葱、姜片，加调料，小火煮至熟。3.盛出，放置24小时，使其充分入味。4.鸡胗块放入碟中，倒入汤汁即可。

烹饪时间
Times
24小时

米椒拌牛肚

难易度：★★☆☆☆　　👥 2人份

🍲 **原 料**

牛肚200克，泡小米椒45克，蒜末、葱花各少许

🥄 **调 料**

盐4克，鸡粉4克，辣椒油4毫升，料酒10毫升，生抽8毫升，芝麻油2毫升，花椒油2毫升

烹饪时间
Times
2分钟

💡 **烹饪小提示**

泡小米椒可以切一下，味道会更浓郁；牛肚煮熟后，放入冷水中浸泡片刻，可让牛肚更有嚼劲。

✒ **做 法**

❶ 开水锅中倒入切好的牛肚，淋料酒、生抽，放盐、鸡粉，搅匀。

❷ 小火煮至牛肚熟透，捞出煮好的牛肚，沥干水分，备用。

❸ 将汆煮好的牛肚装入碗中，加入泡小米椒、蒜末、葱花。

❹ 加盐、鸡粉、辣椒油、芝麻油、花椒油，拌至入味，将牛肚装盘即可。

做法

1 热水锅中倒入蒜瓣、姜片、牛肉、白酒，加盐、生抽搅匀，中火煮90分钟，捞出。

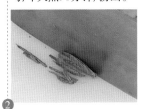

2 洗净去皮的胡萝卜切细丝，紫苏叶切丝。

3 将放凉的牛肉切丝；洗好的大葱切丝，放凉水中，备用。

4 碗中放入牛肉丝、胡萝卜丝、大葱丝，再放入紫苏叶，加调料调味。

5 搅拌匀，再放入少许芝麻酱，搅拌匀，装盘即可。

烹饪时间
Times
92分钟

凉拌牛肉紫苏叶

难易度：★★☆☆☆　　3人份

原料

牛肉100克，紫苏叶5克，蒜瓣10克，大葱20克，胡萝卜250克，姜片适量

调料

盐4克，白酒10毫升，香醋8毫升，鸡粉2克，芝麻酱4克，芝麻油少许

烹饪小提示

牛肉丝可以切得细一点，更易入味；在煮牛肉时加点山楂，煮出的牛肉就不会很老。

酱牛肉

难易度：★★☆☆☆　　3人份

原料

牛肉300克，姜片15克，葱结20克，桂皮、丁香、八角、红曲米、甘草、陈皮各少许

调料

盐2克，鸡粉2克，白糖5克，生抽6毫升，老抽4毫升，五香粉3克，料酒5毫升，食用油适量

烹饪小提示

余煮好的牛肉可用冷水浸泡，让牛肉更紧缩，口感会更佳；牛肉片要根据其纹理横切，这样更美观、也不易散。

做法

❶ 热水锅中放入牛肉，淋料酒，用中火煮约10分钟，捞出。

❷ 用油起锅，放入姜、葱、桂皮、丁香、八角、陈皮、甘草、白糖，炒匀。

❸ 加入适量清水、红曲米、调料，拌匀。

❹ 放入牛肉，烧开后转小火煮约40分钟，捞出。

❺ 把放凉的牛肉切薄片，摆放在盘中，浇上锅中的汤汁即可。

凉拌牛百叶

难易度：★★☆☆☆　　👥4人份

烹饪时间
Times
3分钟

🔘 原 料

牛百叶350克，胡萝卜75克，花生碎55克，荷兰豆50克，蒜末20克

🔘 调 料

盐、鸡粉各2克，白糖4克，生抽4克，芝麻油、食用油各少许

🔘 烹饪小提示

牛百叶要确保煮熟软，以免影响口感；拌制牛百叶时可根据个人口味，加入适量山胡椒粉，味道更佳。

🔪 做 法

❶ 洗净去皮的胡萝卜、荷兰豆切细丝，洗好的牛百叶切片。

❷ 开水锅中倒入牛百叶，略煮，捞出；再焯煮胡萝卜、荷兰豆，捞出。

❸ 碗中盛入部分胡萝卜、荷兰豆垫底，倒入牛百叶，放入余下的食材。

❹ 加调料拌匀，再加入花生碎，拌匀至其入味，装盘即可。

卤水鸡胗

难易度：★★☆☆☆　🍴3人份

烹饪时间
Times
30分钟

🐔 原 料

鸡胗250克，茴香、八角、白芷、白蔻、花椒、丁香、桂皮、陈皮各少许，姜片、葱结各适量

🫙 调 料

盐3克，老抽4毫升，料酒5毫升，生抽6毫升，食用油适量

🔪 做 法

1.锅中注入适量清水烧热，倒入处理干净的鸡胗。2.拌匀，汆煮约2分钟，去除腥味，捞出材料，沥干水分，待用。3.用油起锅，倒入香料以及姜片、葱结，爆香。4.淋入适量料酒、生抽，注入适量清水，倒入汆好的鸡胗，加少许老抽、盐，拌匀。5.转中小火卤约25分钟，夹出卤熟的菜肴，摆入盘中，浇入少许卤汁即可。

五香酱牛肉

难易度：★★★☆☆　🍴4人份

🐮 原 料

牛肉400克，花椒、茴香、朝天椒5克，桂皮2片，草果、八角、熟鸡蛋2个，香叶、葱段适量

🫙 调 料

老抽、料酒各5毫升，生抽30毫升

🔪 做 法

1.牛肉加调料拌匀，用保鲜膜密封，放入冰箱保鲜24小时后取出，与酱汁一同倒入砂锅，注入清水，放葱段、鸡蛋，煮开后转小火续煮1小时至牛肉熟软。2.取出酱牛肉及鸡蛋，与酱汁一同装碗，放凉后用保鲜膜密封，放冰箱冷藏12小时。3.取出酱牛肉、鸡蛋，将鸡蛋对半切开，酱牛肉切片；4.将切好的食材装入盘中，浇上少许卤汁即可。

烹饪时间
Times
63分钟

做法

1 锅中注入适量清水烧热，放入五花肉、葱条、姜片。

2 淋入料酒，用大火煮约20分钟至熟。

3 关火后，在原汁中浸泡约20分钟。

4 蒜泥、盐、味精、辣椒油、酱油、芝麻油、花椒油倒入碗中，拌匀调成味汁。

5 五花肉切成薄片，再摆入盘中，浇入味汁，撒上葱花即成。

烹饪时间
Times
45分钟

蒜泥白肉

难易度：★★☆☆☆　　🍴 3人份

🥩 原料

净五花肉300克，葱条、姜片各适量，蒜泥30克，葱花适量

🧂 调料

盐3克，料酒、味精、辣椒油、酱油、芝麻油、花椒油各少许

🍲 烹饪小提示

五花肉煮至熟软后，使其在原汁中浸泡一段时间；切片应厚薄均匀，不仅美观且更易入味。

老醋泡肉

难易度：★★★☆☆　　👥 3人份

烹饪时间 Times 20分钟

🥕 原 料

瘦肉300克，白芝麻6克，蒜末、葱花各10克，花生米25克，青椒、红椒各15克

🥣 调 料

盐3克，鸡粉3克，白糖少许，生抽3毫升，陈醋15毫升，芝麻油、料酒、食用油各适量

🍽 烹饪小提示

炸花生米时要不断翻动，以使其受热均匀，避免炸煳。待噼啪响声变小、花生米微黄后捞出，放凉后即变脆。

✅ 做 法

① 青椒、红椒，去蒂，再切成圈，装入盘中备用。

② 锅中倒水，加生抽、盐、鸡粉、瘦肉、料酒，烧开后小火煮熟，捞出，切片。

③ 热锅注油，花生米炸1分钟至红衣裂开，捞出。

④ 把肉片放入碗中，加入青椒、红椒、蒜末、葱花，放入花生米。

⑤ 加陈醋、盐、鸡粉、白糖、生抽、原汤汁、芝麻油，拌匀，盛出撒上白芝麻。

香辣五花肉

难易度：★★☆☆☆　　👥 5人份

烹饪时间
Times
2分钟

🔄 原 料

熟五花肉500克，红椒15克，花生米30克，白芝麻、西蓝花各少许

🍚 调 料

白醋、盐、味精、辣椒油各适量

⚙️ 烹饪小提示

将五花肉加盐、味精和香料一起煮熟，味道会更好。将少量柠檬汁浇在肉卷上，解油腻的同时还可增进食欲。

🥄 做 法

❶ 熟五花肉切薄片；红椒洗净切丝，分别装入碗中。

❷ 热锅油烧至三成热，倒入花生米，炸约2分钟至熟，捞出。

❸ 肉片卷起，放在焯熟的西蓝花上；花生米放在肉卷上，放入焯熟的红椒丝。

❹ 加调料制成味汁，浇在肉卷上，撒上余下的白芝麻即可。

酸菜拌白肉

难易度：★★☆☆☆　　5人份

烹饪时间
Times
4分钟

原 料

熟五花肉300克，酸菜200克，红椒15克，蒜末5克

调 料

鸡粉、白糖各少许，生抽3毫升，生粉、芝麻油各适量

烹饪小提示

酸菜放入沸水中焯烫，可去杂质和多余的草酸；锅中油烧至七八分热，下入花椒炸香，淋在拌好的菜上，口感会更好。

做 法

❶ 洗净的红椒去籽，切丝；洗净的酸菜切丁；五花肉切条。

❷ 开水锅中倒入酸菜，煮至沸腾，倒入五花肉煮沸，捞出。

❸ 取大碗，倒入酸菜、五花肉，加鸡粉、白糖、生粉、生抽。

❹ 加蒜末、红椒丝、芝麻油，拌匀；将拌好的食材盛出装盘即可。

卤猪肉

难易度：★★☆☆☆　　6人份

🍳 **原 料**

五花肉600克，姜片10克，八角3个，桂皮3克，香叶4片，朝天椒2个

🧂 **调 料**

盐2克，老抽、生抽各5毫升，料酒10毫升

✔️ **做 法**

1.洗净的五花肉，加清水、料酒浸泡至去腥。
2.锅中注水，放入五花肉，倒入八角、桂皮、香叶、朝天椒、姜片。3.加老抽、生抽、盐，拌匀，大火煮开后转小火卤30分钟至熟软。
4.续卤30分钟至入味、上色，取出五花肉切片。5.将卤猪肉放入盘中，浇上卤汁即可。

葱油拌羊肚

难易度：★★☆☆☆　　4人份

🍳 **原 料**　熟羊肚400克，大葱50克，蒜末少许

🧂 **调 料**　盐2克，生抽4毫升，陈醋4毫升，葱油、辣椒油各适量

✔️ **做 法**

1.洗净的大葱切丝，洗净的羊肚切细条。
2.锅中注水烧开，放入羊肚条，煮沸。
3.把羊肚条捞出，沥干水分。4.将羊肚条倒入碗中，加入大葱、蒜末。5.放盐、生抽、陈醋、葱油、辣椒油，拌匀，装盘。

凉拌猪肚丝

难易度：★★☆☆☆　　👥 4人份

🕐 **烹饪时间**
Times
2 小时

🎧 原料

洋葱150克，黄瓜70克，猪肚300克，沙姜、草果、八角、桂皮、姜片、蒜末、葱花各少许

🧂 调料

盐3克，鸡粉2克，生抽4毫升，白糖3克，芝麻油5毫升，辣椒油4毫升，胡椒粉2克，陈醋3毫升

🍲 烹饪小提示

猪肚最好不要用醋洗，不然吃起来会有点苦；清洗猪肚时，一定要将内部的油脂和筋膜去除，以免影响口感。

🥄 做 法

❶ 洗好的洋葱、黄瓜切丝；开水锅中倒入洋葱，煮至断生，捞出。

❷ 砂锅中注水烧开，放入沙姜、草果、八角、桂皮、姜片。

❸ 放入猪肚，加盐、生抽，卤约2小时，捞出，切成丝。

❹ 猪肚丝、黄瓜丝装碗，加调料调味，撒蒜末拌匀。

❺ 盘中铺上剩余的黄瓜丝、洋葱丝，倒入拌好的食材，点缀葱花即可。

醋香猪蹄

难易度：★★☆☆☆　🍴 4人份

烹饪时间
Times
34分钟

🥕 原 料

猪蹄400克，姜片20克，水发黄豆150克

🧂 调 料

盐10克，鸡粉4克，白糖13克，料酒10毫升，生抽5毫升，陈醋25毫升，白醋10毫升，辣椒油5毫升，芝麻油3毫升

🍳 烹饪小提示

煮猪蹄时，用牙签在猪蹄上扎孔，这样更入味，且易熟烂。猪蹄煮的时间不宜太长，否则会失去筋道的口感。

🥄 做 法

❶ 处理干净的猪蹄斩成块，放入清水锅中，加姜片、白醋，烧开。

❷ 放黄豆，加调料调味，续煮30分钟至入味，捞出；捞出黄豆、姜片。

❸ 取一个大碗，将猪蹄倒入碗中，加调料，拌匀，调味。

❹ 黄豆倒入装有调料的碗中拌匀，再倒入装有猪蹄的碗中即可。

辣拌肥肠

难易度：★★☆☆☆　　👥 2人份

🕐 **烹饪时间**
Times
4分钟

🍳 原 料

熟肥肠200克，青椒、红椒各17克，蒜末少许

🍲 调 料

盐3克，料酒3毫升，鸡粉少许，生抽3毫升，辣椒酱、辣椒粉、芝麻油、食用油各适量

🍵 烹饪小提示

肥肠一定要清洗干净，以免有异味。余肥肠时，加入适量的食用油、盐、料酒，可有效去除肥肠的腥味。

🔪 做 法

❶ 洗净的红椒、青椒切成圈，肥肠切成小块，备用。

❷ 开水锅中加油、盐、料酒，倒入肥肠，煮约2分钟；放入青椒、红椒。

❸ 再煮约半分钟至食材断生，捞出，装入碗中，待用。

❹ 加调料调味，再加入适量芝麻油，拌匀；盛出装盘即可。

✐ 做 法

❶ 猪腰对半切开，切去筋膜；将猪腰切麦穗花刀，再切片。

❷ 将切好的腰花放入清水中，加白醋洗净。

❸ 洗好的腰花装入碗中，加料酒、盐、味精拌匀，腌渍10分钟。

❹ 开水锅中倒入腰花，加料酒，煮至熟，捞出。

❺ 腰花盛入碗中，放蒜末、葱花，加调料，拌匀，摆入盘中即可。

⏱ 烹饪时间
Times
12分钟

蒜泥腰花

难易度：★★☆☆☆　　👥 3人份

◐ 原 料

猪腰300克，蒜末、葱花各少许

🔒 调 料

盐3克，味精1克，芝麻油、生抽、白醋、料酒各适量

🔵 烹饪小提示

清洗猪腰时，可见白色纤维膜内有一个浅褐色腺体，那就是肾上腺，它富含皮质激素和髓质激素，烹饪前须清除。

东北酱骨头

难易度：★★☆☆☆　🍴 7人份

🥬 原 料

龙骨600克，榨菜疙瘩150克，八角3个，桂皮3块，姜片、葱段各少许

🧂 调 料

老抽4毫升

🥄 做 法

1.将洗净的龙骨放入清水中，浸泡至去除血水；榨菜疙瘩切片。2.砂锅置火上，底部摆放上切好的榨菜疙瘩。3.放上泡过的龙骨，倒入姜片、葱段、八角、桂皮，注入适量清水，用大火煮开。4.淋入适量老抽，拌匀，转至小火续煮40分钟至入味。5.夹出龙骨、榨菜，装在盘中，浇上少许卤汁即可。

卤猪肝

难易度：★★☆☆☆　🍴 4人份

🥬 原 料

猪肝350克，茴香、八角、花椒、桂皮、陈皮、草果、丁香各少许，姜片、葱结各适量

🧂 调 料

盐3克，老抽3毫升，生抽、食用油各适量

🥄 做 法

1.锅中注入适量清水烧开，倒入洗净的猪肝，煮约2分钟捞出，沥干水分，待用。2.用油起锅，撒上姜片，爆香，倒入香料，炒出香味。3.淋上少许生抽，注入适量清水，大火煮沸，放入葱结。4.倒入汆过水的猪肝，加入少许盐、老抽，拌匀，转小火卤约15分钟，至食材熟透。5.食用时将卤好的猪肝切成薄片，摆在盘中，浇上少许卤汁即可。

酸菜拌肚丝

难易度：★★☆☆☆　　📖 4人份

烹饪时间
Times
4分钟

🍴 原　料

熟猪肚150克，酸菜200克，青椒20克，红椒15克，蒜末少许

🍶 调　料

盐2克，鸡粉、生抽、芝麻油、食用油各适量

🍽 做　法

🍴 烹饪小提示

拌酸菜时，可适当加入一些如青椒、红椒、香菜等富含维生素C的食物，这样能够使菜肴更营养健康。

❶ 青椒、红椒洗净切细丝；熟猪肚切丝；酸菜洗净，切碎。

❷ 开水锅中加食用油，倒入酸菜、青椒、红椒，焯熟后捞出。

❸ 取一个玻璃碗，倒入沥干水的食材，倒入蒜末，加调料，拌匀。

❹ 再倒入切好的猪肚丝，搅拌至入味，装入盘中即可。

老干妈拌猪肝

难易度：★☆☆☆☆　　👥 1人份

烹饪时间
Times
3分钟

原料

卤猪肝100克，老干妈10克，红椒10克，葱花少许

调料

盐3克，味精2克，生抽、辣椒油各适量

烹饪小提示

时间允许的话，猪肝可在卤水中多浸泡一段时间，这样会更入味。芝麻油不仅可以提香，还能使猪肝更美味。

做法

❶ 将备好的卤猪肝切薄片；红椒去籽，切成丝，备用。

❷ 将食材倒入碗中，再倒入老干妈；撒上少许葱花。

❸ 加入少许盐、味精、生抽、芝麻油。

❹ 用筷子拌匀，另取一干净的盘子，将拌好的猪肝装入盘中即成。

做法

1 绿豆芽切两段，放入盘中备用，猪肝切成片。

2 猪肝中加鸡粉、盐、白酒、生粉拌匀，腌渍10分钟至入味。

3 锅中水烧开，加油，放绿豆芽，煮熟后捞出；放猪肝，氽煮至转色，捞出。

4 将猪肝倒入碗中，加入姜末、蒜末、葱花。

5 加生抽、陈醋、盐、鸡粉，拌匀；把拌好的猪肝摆放在豆芽上即可。

烹饪时间
Times
4 分钟

猪肝拌豆芽

难易度：★★☆☆☆　　3人份

原料

猪肝150克，绿豆芽100克，蒜末、姜末、葱花各少许

调料

盐3克，鸡粉少许，生抽5毫升，陈醋5毫升，白酒、芝麻油、生粉、食用油各适量

烹饪小提示

绿豆芽下锅后，适当加些醋，可减少维生素C的流失。绿豆芽一定要沥干水分后再拌，这样就不会出汤。

红油鸭块

难易度：★★☆☆☆　　6人份

烹饪时间
Times
18分钟

原料

烤鸭600克，红椒15克，蒜末、葱花各少许

调料

盐3克，生抽、鸡粉、辣椒油、食用油各适量

烹饪小提示

买回的烤鸭肉如果已经变凉，将凉烤鸭放入电烤箱内，用低温烤5～6分钟，再用高温烤4～5分钟即可恢复酥脆。

做法

❶ 把洗净的红椒切成圈。

❷ 把烤鸭斩成肉块。

❸ 用油起锅，烧热后倒入蒜末，爆香；加入生抽、盐、鸡粉调味。

❹ 倒入红椒，淋入适量的辣椒油，翻炒均匀；撒上葱花，炒匀，制成味汁，关火备用。

❺ 将切好的鸭肉块放入盘中，码放好；盛出锅中的味汁，均匀地浇在鸭肉上，摆好盘即成。

烹饪时间
Times
2 小时

酱肘子

难易度：★★★☆☆　　🍴 9人份

🥘 原 料

猪肘900克，青豆20克，花椒5克，茴香5克，八角、桂皮、香叶、草果、香葱、姜片各适量

🥄 调 料

糖5克，老抽、生抽、料酒各5毫升，水淀粉3毫升，胡椒粉、盐、食用油、芝麻油各适量

🔪 做 法

1.开水锅中氽煮猪肘，去血水杂质，捞出，沥干；热锅注油，将冰糖炒制溶化变色。2.注入清水，倒入所有的香料、姜片、香葱；加调料搅匀，制成酱汁。3.砂锅中放入猪肘，浇上酱汁，注入清水，搅拌，烧开后转小火煮2个小时至酥软。4.热锅中倒入卤汁，煮开后倒入青豆，煮至熟软。5.倒入水淀粉，搅匀收汁，淋芝麻油；酱汁浇在猪肘上，撒上葱花即可。

卤猪心

难易度：★★☆☆☆　　🍴 6人份

🥘 原 料

猪心550克，香葱、桂皮10克，姜片25克，陈皮、丁香、花椒5克，八角2个，香叶3片

🥄 调 料

盐、白糖各1克，生抽5毫升，料酒10毫升，食用油适量

🔪 做 法

1.洗好的猪心对半切开，去除污物，倒入沸水锅中，氽去血水，捞出装盘。2.另起锅注油，倒入陈皮、八角、香叶、丁香、桂皮、花椒、姜片，炒香。3.加生抽、清水，放入猪心、香葱，加调料拌匀。4.中火卤40分钟至猪心熟软入味，捞出。5.盛出卤汁，将放凉的猪心切片装盘，放上香菜点缀即可。

烹饪时间
Times
53分钟

辣拌烤鸭片

难易度：★★☆☆☆　🍴5人份

烹饪时间
Times
5分钟

🐥 原料

烤鸭500克，芹菜30克，红椒17克，蒜末少许

🥢 调料

盐2克，鸡粉、陈醋、辣椒油、生抽、食用油各适量

💡 烹饪小提示

鸭肉宜切成小片，太大片不易入味。红椒或辣椒油可根据口味适当多放一些，如果不吃辣椒也可以不加。

🔪 做法

❶ 芹菜切长段；红椒切圈；鸭肉切成小薄片，放入盘中，待用。

❷ 油起锅，放蒜末、芹菜、红椒炒香；注入清水，略煮片刻至熟。

❸ 转小火，加生抽、陈醋、盐、鸡粉、辣椒油炒匀入味，制成味汁。

❹ 把调好的味汁盛入碗中，再倒入肉片，拌至入味，摆好盘即可。

做法

❶ 将洗净的鸭肉斩去鸭爪，淋入适量生抽，抹匀，腌渍约20分钟。

❷ 热锅注油，腌好的鸭肉炸至呈金黄色捞出沥干。

❸ 油起锅，放葱条、姜片，爆香；注入清水，倒入桂皮、八角、丁香、草果。

❹ 放鸭肉，加调料，烧开后卤约1小时至熟透捞出。

❺ 锅中卤汁加热，放笋片、水淀粉，煮至熟透，制成卤料，浇在鸭肉上即成。

烹饪时间
Times
95分钟

红扒秋鸭

难易度：★★★☆☆　 🍴 10人份

🥬 原料

鸭肉2000克，笋片160克，葱条、姜片、桂皮、八角、丁香、草果各适量

🧂 调料

盐3克，鸡粉2克，老抽2毫升，料酒6毫升，生抽、水淀粉、食用油各适量

🔵 烹饪小提示

腌渍鸭肉时，可将姜片放入鸭腹中，这样能减淡其腥味。
鸭肉先炒香炒干水分，这样肉质吃起来会比较紧实。

1

鸭胗放入煮沸的卤水中，加姜片、调料，卤煮10分钟捞出，凉后切片。

2

热锅注油，烧至三四成热，倒入花生米，炸2分钟后捞出。

3

黄瓜切片，红椒切小块，香菜切长段，葱切粒。

4

鸭胗切片装碗中，加黄瓜、红椒、香菜、葱、姜末。

5

加盐、鸡粉、生抽、辣椒油、陈醋、芝麻油、花生米，拌匀，装盘。

烹饪时间
Times
18分钟

香辣鸭胗

难易度：★★☆☆☆　3人份

原料

鲜鸭胗200克，黄瓜100克，花生米60克，红椒15克，姜片10克，葱5克，香菜6克，姜末10克

调料

盐13克，鸡粉2克，生抽、辣椒油、陈醋各7毫升，芝麻油4毫升，料酒10毫升，卤水2000毫升

烹饪小提示

鸭胗买回来后先用碱反复搓洗几次，然后用面粉再反复洗几次，这样处理后的鸭胗不但干净而且没有异味。

炝拌鸭肝双花

难易度：★★☆☆☆　5人份

原料

西蓝花230克，花菜260克，卤鸭肝150克，蒜末、葱花各少许

调料

生抽3毫升，鸡粉3克，陈醋10毫升，盐2克，芝麻油7毫升，食用油适量

烹饪小提示

卤鸭肝本身有咸味，盐不要放太多。焯制西蓝花时，水中加盐和食用油，可让其稍稍有些底味，还可保持颜色碧绿。

做法

❶ 洗净的花菜、西蓝花切小朵，卤鸭肝切薄片，备用。

❷ 开水锅中加油、鸡粉、盐，倒入花菜、西蓝花，焯熟后捞出。

❸ 取一个碗，放入焯过水的食材、鸭肝，撒上蒜末、葱花。

❹ 加生抽、盐、鸡粉，淋芝麻油、陈醋，搅至入味，装盘即可。

卤猪腰

难易度：★★☆☆☆　　👥3人份

🍖 原料

猪腰250克，姜片、葱结、香菜段各少许

🧂 调料

盐3克，生抽5毫升，料酒4毫升，陈醋、芝麻油、辣椒油各适量

🔪 做法

1.洗净的猪腰切开，去除筋膜。2.锅中注入适量清水烧开，加入料酒、盐、生抽，放入姜片、葱结，大火略煮片刻。3.倒入猪腰，拌匀，中火煮约6分钟至熟，捞出，放入盘中。4.将放凉的猪腰切成粗丝。5.碗中放入切好的猪腰、香菜段，加入生抽、盐、陈醋、辣椒油、芝麻油，搅匀，装盘。

香葱红油拌肚条

难易度：★★☆☆☆　　👥3人份

🍖 **原料**　葱段30克、熟猪肚300克

🧂 **调料**　盐、白糖各2克，鸡粉3克，生抽、辣椒油、芝麻油各5毫升

🔪 做法

1.熟猪肚切成粗条。2.取一个干净的大碗，放入切好的猪肚条、葱段。3.加入少许盐、鸡粉、生抽、白糖，再淋入适量芝麻油、辣椒油。4.用筷子充分搅拌均匀，使全部食材入味。5.将拌好的猪肚条放入碗中即可食用。

做法

❶ 熟鸭肝剁成末，将蛋清、蛋黄分别装入小碗中，打散。

❷ 碗中倒入鸭肝，撒姜末，放盐、鸡粉、蛋清、面粉，搅匀。

❸ 盘上抹蛋黄，鸭肝铺平，压成饼状，再涂上蛋黄。

❹ 两面沾上白芝麻，即成鸭肝饼生坯，放入热锅中。

❺ 小火炸至其呈金黄色，捞出，沥干，放凉后切小块，装盘即可。

烹饪时间 Times 2分钟

白芝麻鸭肝

难易度：★★☆☆☆　1人份

原料

熟鸭肝130克，鸡蛋1个，白芝麻15克，姜末少许

调料

盐2克，鸡粉2克，面粉5克，食用油适量

烹饪小提示

炸鸭肝的时间不要太久，以免破坏其营养成分。炸好的鸭肝应尽快食用，放点辣椒酱一起吃会别有一番风味。

葱香拌兔丝

难易度：★★☆☆☆　📖3人份

🔴 原料

兔肉300克，彩椒50克，葱条20克，蒜末少许

🔵 调料

盐、鸡粉各3克，生抽4毫升，陈醋8毫升，芝麻油少许

🔘 烹饪小提示

若时间允许，可先将兔肉用料酒、花椒等拌匀并腌渍1天，使兔肉入味，其肉质紧缩细嫩，烹制出来的菜肴更加浓香扑鼻。

🔪 做法

❶ 将洗净的彩椒切成丝，洗好的葱条切小段。

❷ 开水锅中倒入洗净的兔肉，中火煮至食材熟透，捞出，沥干水分。

❸ 放凉后切成肉丝，装入碗中，倒入彩椒丝，撒上蒜末。

❹ 加调料，撒上葱段，搅拌至食材入味。

❺ 取一个干净的盘子，盛入拌好的菜肴，摆好盘即成。

盐水鸭胗

难易度：★★☆☆☆   👥 2人份

烹饪时间
Times
65分钟

🍴 原 料

鸭胗240克，花椒、桂皮、八角、香草、香叶、姜片、葱条各少许

🧂 调 料

盐、鸡粉各2克，生抽8毫升，老抽6毫升，料酒5毫升

🔍 烹饪小提示

购买时，宜选择外表呈紫红色或红色，表面富有弹性和光泽，质地厚实的新鲜鸭胗。

🥢 做 法

❶ 砂锅中注水烧热，倒入花椒、桂皮、八角、香草、香叶、姜片、葱条。

❷ 放入洗净的鸭胗，加盐、鸡粉，淋入适量生抽、老抽、料酒。

❸ 搅拌匀，盖上盖，烧开后用小火煮约1小时至熟。

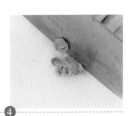

❹ 揭盖，捞出鸭胗，放凉后切薄片，摆放在盘中，浇上卤汁即可。

手撕兔肉

难易度：★☆☆☆☆　　👥5人份

烹饪时间
Times
2分钟

🔵 原料

熟兔肉500克，红椒20克，蒜末、葱花各少许

🔵 调料

盐3克，生抽3毫升，鸡粉、陈醋、芝麻油各适量

🔵 烹饪小提示

兔肉先用清水泡出血水后再洗净，可以去除其腥味。拌制此菜时，加入少许辣椒油，会使兔肉味道更好。

🔵 做法

❶ 洗净的红椒去籽，再切成粒，装入碗中，备用。

❷ 将熟兔肉剔去骨头，再用刀把兔肉拍松散，撕成细丝。

❸ 把兔肉丝倒入碗中，加入少许蒜末、葱花、红椒丝。

❹ 加生抽、陈醋、盐、鸡粉、芝麻油，拌匀，装入盘中即可。

做法

❶ 开水锅中放入整块鸡胸肉，加盐、料酒，用小火煮15分钟至熟。

❷ 把煮熟的鸡肉捞出，用擀面杖敲打松散。

❸ 用手把鸡肉撕成鸡丝，装入碗中，放入蒜末和葱花。

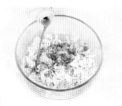

❹ 加盐、鸡粉、辣椒油、陈醋、芝麻酱，拌匀调味。

❺ 把拌好的棒棒鸡装入盘中，撒上少许熟芝麻和葱花即可。

烹饪时间 Times 22分钟

棒棒鸡

难易度：★★☆☆☆　👤3人份

🥬 原料

鸡胸肉350克，熟芝麻15克，蒜末、葱花各少许

🧂 调料

盐4克，料酒10毫升，鸡粉2克，辣椒油5毫升，陈醋5毫升，芝麻酱10克

🍳 烹饪小提示

鸡肉不要煮到全熟再关火，九成熟即可，这样味道会更鲜嫩。调料的量可根据自己的口味进行适当地调整。

酱鸭腿

难易度：★★☆☆☆　　👥 3人份

烹饪时间 Times 45分钟

🍲 原 料

鸭腿肉350克，冰糖15克，蒜头、姜片、葱结各适量，香叶、花椒、丁香、茴香、桂皮各少许

🧂 调 料

盐3克，老抽4毫升，生抽6毫升，食用油适量

🥢 做 法

1.锅中注入适量清水烧开，放入洗净的鸭腿肉，氽去血渍，捞出，沥干水分备用。2.用油起锅，放入备好的冰糖，炒匀，至其溶化。3.注入适量清水，倒入香料，撒上姜、葱、蒜，大火煮沸。4.放入氽过水的鸭腿肉，拌匀，加入适量老抽、生抽、盐。5.转小火卤约30分钟，至食材熟透，捞出；食用时斩成小块，摆在盘中，浇上卤汁即可。

酱排骨

难易度：★★★☆☆　　👥 7人份

🍲 原 料

排骨700克，八角、桂皮、姜片、葱段各少许

🧂 调 料

番茄酱15克，红糖10克，生抽2毫升，老抽5毫升，料酒5毫升，盐2克，食用油适量

🥢 做 法

1.备好的排骨倒入开水锅中，搅匀氽去血水，沥干。2.热锅倒油烧热，放入八角、桂皮、姜片、葱段，炒香，倒入排骨，翻炒片刻。3.加入少许生抽、料酒、番茄酱，翻炒搅匀。4.注入适量的清水，放入红糖、老抽、盐，炒匀；烧开转小火焖40分钟至熟透。5.揭开锅盖，持续搅拌片刻，盛出装盘。

烹饪时间 Times 41分钟

做 法

❶ 洗净的香菜切成末；热锅注油，烧至三成热。

❷ 倒入洗好的花生米，小火炸至呈米黄色，捞出沥干，去表皮后剁碎。

❸ 汤锅中倒入卤水煮沸，放入鸭掌，小火卤30分钟至熟，捞出。

❹ 剁去趾尖后放入碗中，加白糖、生抽、陈醋。

❺ 加盐、鸡粉、花生末；拌至入味，倒入香菜末，搅匀，摆盘即可。

烹饪时间
Times
32分钟

老醋拌鸭掌

难易度：★★★☆☆　　👥 2人份

🔵 原 料

鸭掌200克，香菜10克，花生米15克

◎ 调 料

盐3克，卤水、白糖、鸡粉、生抽、陈醋各适量

⬡ 烹饪小提示

烹制此菜时，一定要把鸭掌的爪尖切除干净，否则误食后易刮伤肠胃。如果有时间，还可将鸭掌剔骨后再拌。

烹饪时间
Times
3分钟

香芹拌鸭肠

难易度：★★☆☆☆　　👤 2人份

🐮 原 料

熟鸭肠150克，红椒15克，
芹菜70克

🥄 调 料

盐3克，生抽3毫升，陈醋5
毫升，鸡粉2克，芝麻油适
量，食用油少许

🍵 烹饪小提示

红椒切开去籽后再切丝，可避免在切红椒丝的时候被辣到
手。捞起来的鸭肠放入凉水里冷却片刻，口感会更爽脆。

🖊 做 法

❶ 把洗净的芹菜、红椒、
熟鸭肠切成3厘米长的
段，红椒再切细丝。

❷ 开水锅中，加食用油，
倒入鸭肠，氽约半分
钟，捞出沥干。

❸ 倒芹菜、红椒，焯熟后
捞出，倒入大碗中。

❹ 放入鸭肠，加生抽、陈
醋、盐、鸡粉、芝麻油。

❺ 拌匀至入味，把拌好的
食材盛入盘中，摆好盘
即可。

炝拌牛肉丝

难易度：★★☆☆☆　　👥 2人份

烹饪时间
Times
4 分钟

🍲 原 料

卤牛肉100克，莴笋100克，红椒15克，白芝麻3克，蒜末少许

🧂 调 料

盐3克，鸡粉2克，生抽8毫升，花椒油、芝麻油、食用油各适量

🍳 烹饪小提示

焯煮莴笋丝时要注意时间和温度，焯的时间过长、温度过高，都会使莴笋丝变得绵软，失去爽脆的口感。

🍴 做 法

❶ 卤牛肉切丝，洗净去皮的莴笋切丝，红椒切粒。

❷ 开水锅中加食用油、盐，倒入莴笋，煮约1分钟至熟，捞出。

❸ 取一个干净的碗，倒入牛肉丝、莴笋，放入蒜末、红椒粒。

❹ 加调料拌匀；将拌好的食材倒入盘中，撒上白芝麻即成。

风味泡椒拌黄喉

难易度：★★☆☆☆　　👥 2人份

烹饪时间
Times
2分钟

🥦 原 料

熟牛喉200克，红椒15克，泡小米椒30克，蒜末15克，葱花5克

🧂 调 料

盐3克，鸡粉2克，生抽3毫升，陈醋5毫升，食用油适量

🔵 烹饪小提示

由于牛喉两头有少量骨节，烹饪前要去除两头的骨节和筋膜，且一定要清洗干净，不然会影响口感。

✏️ 做 法

① 洗净的红椒去籽，切细丝；熟牛喉用斜刀切薄片。

② 将食材装入碗中，倒入泡小米椒、蒜末和葱花。

③ 加入适量盐、鸡粉，淋入少许生抽、陈醋，拌匀。

④ 再倒入少许熟油，拌约1分钟至入味，盛出装盘即可。

做法

❶ 洗净的鸭肠放入煮沸的卤水中，烧开后转小火卤7分钟至入味捞出。

❷ 洗净的芹菜切成小段，红椒、青椒切成圈，卤熟的鸭肠切成小块。

❸ 取一个大碗，倒入切好的食材，再倒入蒜末。

❹ 加入盐、鸡粉、陈醋、辣椒油。

❺ 将碗中材料搅拌均匀；把拌好的鸭肠盛出，装盘即可。

烹饪时间
Times
10分钟

香拌鸭肠

难易度：★★☆☆☆　🍴 3人份

🍖 原料

鲜鸭肠250克，芹菜60克，青椒、红椒各15克，蒜末20克

🧂 调料

盐3克，鸡粉2克，陈醋8毫升，辣椒油8毫升，卤水2000毫升

🍲 烹饪小提示

鸭肠先用刀刮油脂，再用面粉、白醋、水抓洗，更易洗净。卤鸭肠的时间不能太长，否则会失去韧脆的口感。

辣拌牛舌

难易度：★☆☆☆☆　　👥 2人份

🥕 原 料

熟牛舌150克，红椒15克，蒜末5克

🥄 调 料

盐3克，鸡粉2克，辣椒酱少许，生抽3
毫升，芝麻油、食用油各适量

烹饪时间
Times
2分钟

⭕ 烹饪小提示

处理牛舌时要把其表面的老皮撕下，刮干
净，用水洗净后再烹饪。用高压锅先煮软烂
可节省烹饪时间。

✏️ 做 法

❶ 红椒去籽切粒；熟牛
舌对半切开，斜刀切
成薄片。

❷ 牛舌片放入碗中，加
入适量盐、鸡粉、辣
椒酱。

❸ 淋入少许生抽，放入
蒜末、红椒，倒入适
量芝麻油。

❹ 拌约1分钟至入味，加
熟油，拌匀；将拌好
的牛舌装盘即可。

Part 4

最爱凉拌水产，
鲜美爽口

　　水产的鲜美常常令人入口难忘，其丰富的蛋白质、不饱和脂肪酸对人体健康也十分有利。很多人都爱吃水产，却不懂得烹饪制作技巧。其实，水产这种只需短时间烹饪、简单调味的食材，尤其适合做成凉拌菜。本章将为您介绍多道鲜美可口的凉拌水产菜品，您只需花上一点小心思，就能在家做出餐馆里的好滋味。

烹饪时间
Times
4分钟

紫甘蓝拌海蜇丝

难易度：★★☆☆☆　👥 3人份

原料

紫甘蓝160克，白菜160克，水发海蜇丝30克，香菜20克，蒜末少许

调料

盐2克，鸡粉2克，白糖3克，芝麻油8毫升，陈醋10毫升

烹饪小提示

海蜇丝氽水后要立即过凉水，否则会缩小，也会变硬；白菜、紫甘蓝焯水时间不宜过长，以免失去清脆口感。

做法

❶ 白菜、紫甘蓝切细丝，洗净的香菜切碎末。

❷ 开水锅中加盐，倒入备好的海蜇丝，煮至其断生后捞出，沥干。

❸ 沸水锅中倒入白菜、紫甘蓝，拌匀，煮半分钟，捞出。

❹ 取碗，倒入白菜、紫甘蓝，加盐、鸡粉、白糖。

❺ 淋芝麻油、陈醋，撒蒜末、香菜，倒入海蜇丝，拌至入味，装盘。

黑木耳拌海蜇丝

难易度：★★☆☆☆　　3人份

烹饪时间 Times 4 分钟

原 料

水发黑木耳40克，水发海蜇120克，胡萝卜80克，西芹80克，香菜20克，蒜末少许

调 料

盐1克，鸡粉2克，白糖4克，陈醋6毫升，芝麻油2毫升，食用油适量

烹饪小提示

木耳是卷曲状的，焯煮后的木耳放入漏网中，再把漏网多颠几下，这样有助于让"小凹槽"中的水也沥掉。

做 法

❶ 去皮的胡萝卜、黑木耳、西芹、海蜇切成丝；香菜切末。

❷ 开水锅中，倒入黑木耳丝、胡萝卜丝、西芹、海蜇丝，搅匀。

❸ 捞出食材，沥干，装入碗中，加入蒜末、盐、鸡粉、香菜。

❹ 加入芝麻油、白糖、陈醋，搅拌至食材入味；装盘即可。

心里美拌海蜇

难易度：★☆☆☆☆　　🍴 3人份

烹饪时间
Times
3分钟

🥗 原料

海蜇丝100克，心里美萝卜200克，蒜末少许

🥣 调料

盐、鸡粉各少许，白糖3克，陈醋4毫升，芝麻油2毫升

🍳 做法

🍲 烹饪小提示

海蜇丝焯水后应立即放入冷水中冷却，这样海蜇不但能充分涨发，并脆嫩无比，凉拌也不会失去其原味。

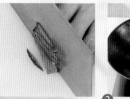

❶ 洗净去皮的心里美萝卜切成丝，备用。

❷ 开水锅中倒入洗净的海蜇丝、萝卜，煮至其断生，捞出。

❸ 把焯过水的食材装入碗中，放入蒜末。

❹ 加盐、鸡粉、白糖，淋陈醋、芝麻油，拌匀调味，装盘。

做法

❶ 苦瓜对半切开，去籽，切成条；彩椒切片，再切成条。

❷ 开水锅中，倒入海蜇、食用油，煮1分钟。

❸ 加入苦瓜、彩椒，煮至其断生，捞出，沥干。

❹ 把食材装入碗中，加盐、鸡粉、白糖。

❺ 淋入陈醋、芝麻油，拌匀调味；装盘，撒上白芝麻即可。

烹饪时间
Times
4 分钟

芝麻苦瓜拌海蜇

难易度：★★☆☆☆　3人份

原料

苦瓜200克，海蜇丝100克，彩椒40克，熟白芝麻10克

调料

鸡粉2克，白糖3克，盐少许，陈醋5毫升，芝麻油2毫升，食用油适量

烹饪小提示

将苦瓜瓤刮掉，能降低苦瓜的苦味。醋、盐等调味料最好临食时再放，否则会使海蜇"走味"，影响口感。

做法

❶ 将彩椒切条，备用。

❷ 开水锅中倒入洗净的海蜇丝、魔芋丝、彩椒，略煮，捞出，沥干。

❸ 把焯过水的食材装入碗中，放入蒜末。

❹ 再加入盐、鸡粉、白糖，调味。

❺ 淋入芝麻油、陈醋，拌匀调味；将拌好的食材盛出，装入盘中即可。

海蜇拌魔芋丝

烹饪时间 Times 5分钟

难易度：★☆☆☆☆ 　　3人份

🍲 原 料

海蜇丝120克，魔芋丝140克，彩椒70克，蒜末少许

🧂 调 料

盐、鸡粉各少许，白糖3克，芝麻油2毫升，陈醋5毫升

🍳 烹饪小提示

魔芋不容易入味，可以多拌一会儿，以使其口感更佳；调味料可以先拌好，放入冰箱冷藏片刻再拌，更具风味。

烹饪时间 Times 4分钟

老虎菜拌海蜇皮

难易度：★★☆☆☆　　　5人份

🍲 原 料

海蜇皮250克，黄瓜200克，青椒50克，红椒60克，洋葱180克，西红柿150克，香菜少许

🍶 调 料

生抽5毫升，陈醋5毫升，白糖3克，芝麻油3毫升，辣椒油3毫升

🍳 做 法

1.洗净的西红柿切片，洗净的黄瓜、青椒、红椒、洋葱切丝。2.锅中注水烧开，倒入海蜇皮，搅匀汆煮片刻后，捞出。3.将海蜇皮装入碗中，淋入生抽、陈醋。4.加白糖、芝麻油、辣椒油，倒入香菜，持续搅拌片刻，使食材入味。5.盘中摆上西红柿、洋葱、黄瓜，再放上青椒、红椒，倒入海蜇皮即可。

海蜇黄瓜拌鸡丝

难易度：★★☆☆☆　　　4人份

🍲 原 料

黄瓜180克，海蜇丝220克，熟鸡肉110克，蒜末少许

🍶 调 料

罕宝葡萄籽油5毫升，盐、鸡粉、白糖各1克，陈醋、生抽各5毫升

🍳 做 法

1.将黄瓜切成丝，摆盘；熟鸡肉撕成丝，待用。2.热水锅中倒入洗净的海蜇，汆煮一会儿去除杂质，捞出，沥干。3.取一碗，倒入汆好的海蜇，放入鸡肉丝、蒜末，加盐、鸡粉、白糖、陈醋、葡萄籽油。4.将食材充分拌匀，往黄瓜丝上淋入生抽。5.将拌好的鸡丝、海蜇倒在黄瓜丝上，放上香菜点缀即可。

烹饪时间 Times 3分钟

海蜇豆芽拌韭菜

难易度：★☆☆☆☆　　👥 2人份

烹饪时间
Times
4分钟

🔆 原料

水发海蜇丝120克，黄豆芽90克，韭菜100克，彩椒40克

🔆 调料

盐2克，鸡粉2克，芝麻油2毫升，食用油适量

🔆 烹饪小提示

煮海蜇的时间不宜太长，否则海蜇会过度收缩，影响口感；拌制菜肴时适当加点醋，可去除黄豆芽的涩味。

🥄 做法

❶ 洗净食材，彩椒切成条，韭菜、黄豆芽切成段。

❷ 锅中注水烧开，倒入海蜇丝、黄豆芽、食用油，煮至其断生。

❸ 放入彩椒、韭菜，煮半分钟，把煮熟的食材捞出，沥干。

❹ 将煮好的食材装入碗中，加入盐、鸡粉、芝麻油，搅匀即可。

做 法

❶ 洗净的彩椒切成粗丝。

❷ 开水锅中放盐、白醋、海藻，拌匀，再放彩椒丝，煮至断生，捞出。

❸ 把焯煮好的食材装入碗中，撒上蒜末、葱花，加入盐、鸡粉。

❹ 淋入适量陈醋、芝麻油、生抽，搅拌至食材入味。

❺ 取一盘，盛入拌好的食材，撒上熟白芝麻，摆好盘即成。

烹饪时间 Times 3分钟

凉拌海藻

难易度：★☆☆☆☆ 　1人份

原 料

水发海藻180克，彩椒60克，熟白芝麻6克，蒜末、葱花各少许

调 料

盐3克，鸡粉2克，陈醋8毫升，白醋10毫升，生抽、芝麻油各少许

烹饪小提示

食用前应将干海藻先短时间泡洗，然后焯煮熟，再清洗切丝凉拌。一般人群均可食用本品，缺碘者尤其适合。

烹饪时间
Times
4分钟

虾干拌红皮萝卜

难易度：★★☆☆☆　　👤2人份

🍲 原料

红皮萝卜160克，苦瓜80克，海米50克

🥄 调料

盐2克，鸡粉2克，芝麻油8毫升，食粉少许

💬 烹饪小提示

如果不喜欢红皮萝卜的辣味，可焯煮片刻后沥干水分再拌；海米有一定的咸味，因此，拌制此菜肴时可以少放盐。

🥢 做法

1 红皮萝卜切条形；苦瓜去瓤，再切条形。

2 锅中注入适量清水烧开，倒入海米，煮约1分钟，捞出，沥干。

3 注水烧开，倒入苦瓜、食粉，煮至八九成熟。

4 捞出，沥干水分，取一个大碗，倒入红皮萝卜、苦瓜、海米。

5 加入盐、鸡粉、芝麻油，拌至食材入味，装盘即可。

桔梗拌海蜇

难易度：★☆☆☆☆　　👤 1人份

烹饪时间
Times
2分钟

🎧 原 料

水发桔梗100克，熟海蜇丝85克，葱丝、红椒丝各少许

🥄 调 料

盐、白糖各2克，胡椒粉、鸡粉各适量，生抽5毫升，陈醋12毫升

🔵 烹饪小提示

桔梗可用温水浸泡，这样能缩短泡发的时间；切好的桔梗放置在砧板上，用刀背拍打，拌制时更易入味。

🍴 做 法

❶ 将洗净的桔梗切细丝，备用。

❷ 取一个碗，放入切好的桔梗，倒入备好的海蜇丝。

❸ 加入盐、白糖、鸡粉，淋入生抽、陈醋，撒上胡椒粉。

❹ 搅拌至食材入味，盛入盘中，点缀上葱丝、红椒丝即可。

虾皮拌香菜

难易度：★☆☆☆☆　　🍴 2人份

烹饪时间
Times
3分钟

○ 原 料

水发粉皮100克，虾皮40克，香菜梗30克，红椒20克，姜丝少许

○ 调 料

盐、鸡粉各2克，生抽4毫升，芝麻油6毫升，陈醋7毫升

○ 烹饪小提示

粉皮泡发后可在冷水中多泡一会儿，待吃时再捞出沥干，以使其冰凉爽滑；香菜可切成碎末，这样香味更浓。

○ 做 法

❶ 洗净的红椒切开，去籽，切粗丝，备用。

❷ 取一个大碗，倒入香菜、红椒、粉皮、姜丝、虾皮，拌匀。

❸ 加入盐、鸡粉、生抽、芝麻油、陈醋。

❹ 拌匀，至食材入味；将拌好的菜肴盛入盘中即可。

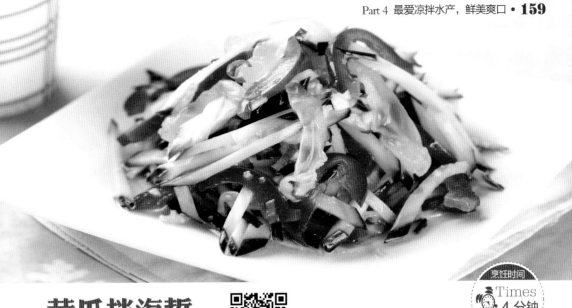

黄瓜拌海蜇

难易度：★★☆☆☆　　👥 2人份

烹饪时间
Times
4 分钟

🐮 原 料

水发海蜇90克，黄瓜100克，彩椒50克，蒜末、葱花各少许

🧂 调 料

白糖4克，盐少许，陈醋6毫升，芝麻油2毫升，食用油适量

🍳 做 法

1.洗好的彩椒、黄瓜、海蜇切条。2.开水锅中放入切好的海蜇，煮至断生，放入彩椒，略煮，捞出全部食材，沥干。3.把黄瓜倒入碗中，放入焯过水的海蜇和彩椒。4.放入蒜末、葱花，加陈醋、盐、白糖、芝麻油，拌匀。5.将拌好的食材盛出，装入盘中即可。

白菜梗拌海蜇

难易度：★☆☆☆☆　　👥 3人份

烹饪时间
Times
3 分钟

🐮 原 料

白菜150克，胡萝卜40克，海蜇200克，蒜末、香菜各少许

🧂 调 料

盐1克，鸡粉2克，料酒4毫升，陈醋4毫升，芝麻油6毫升，辣椒油5毫升

🍳 做 法

1.白菜、胡萝卜切细丝，香菜切碎，海蜇切丝。2.开水锅中倒入料酒、海蜇、白菜、胡萝卜，煮至食材熟软，捞出。3.将材料倒入碗中，撒蒜、香菜，加盐、鸡粉、陈醋、芝麻油、辣椒油，拌至入味即可。

海米拌三脆

烹饪时间
Times
5分钟

难易度：★★☆☆☆　　🍴3人份

🥦 原料

莴笋140克，黄瓜120克，
水发木耳50克，水发海米
30克，红椒片少许

🧂 调料

盐2克，鸡粉1克，白糖3
克，芝麻油4毫升

🍳 烹饪小提示

黄瓜要选顶花带刺、脆生水灵的嫩黄瓜，这样拌出来的黄
瓜会更好吃。泡海米的水味道很鲜，可用于焯煮木耳。

🍳 做 法

❶ 去皮的莴笋切菱形片；
黄瓜切片，用斜刀切菱
形片。

❷ 洗净的木耳切小块，开
水锅中，倒入木耳，煮
至断生，捞出，沥干。

❸ 沸水锅中倒入海米，余
去盐分，捞出，沥干。

❹ 碗中放入莴笋、黄瓜、
木耳、盐，腌2分钟。

❺ 倒入海米、红椒，加鸡
粉、白糖、芝麻油，拌
匀，装盘。

上海青拌海米

难易度：★☆☆☆☆　　👤 1人份

🍳 原 料

上海青125克，熟海米35克，姜末、葱末各少许

🥄 调 料

盐2克，白糖2克，陈醋10毫升，鸡粉2克，芝麻油8毫升，食用油适量

🍽 烹饪小提示

买回的上海青若不立即烹煮，可用报纸包起来放入塑料袋中，再放入冰箱保存。

🥢 做 法

❶ 洗净的上海青切去根部，再切成两段。

❷ 开水锅中放入上海青梗、菜叶，淋入食用油，煮至软；捞出。

❸ 上海青中，撒上姜末、葱末、盐、白糖、陈醋、鸡粉、芝麻油。

❹ 加入熟海米，搅拌均匀；将拌好的菜肴装入盘中即可。

芥辣荷兰豆拌螺肉

烹饪时间 Times 4分钟

难易度：★★☆☆☆　　🍴 3人份

🥘 **原 料**

水发螺肉200克，荷兰豆250克

🧂 **调 料**

芥末膏15克，生抽8毫升，芝麻油3毫升

🍳 **做 法**

1.处理好的荷兰豆切成段，泡发好的螺肉切小块。2.开水锅中，倒入荷兰豆，氽煮片刻至断生。3.将荷兰豆捞出，沥干；再将螺肉倒入，搅匀氽煮片刻，捞出。4.取一个盘子，摆上荷兰豆、螺肉。5.在芥末膏中倒入生抽、芝麻油，搅匀；将调好的酱汁浇在食材上即可。

烹饪时间 Times 15分钟

火龙果海鲜盏

难易度：★★☆☆☆　　🍴 4人份

🥘 **原 料**　虾仁100克，净鱿鱼50克，火龙果肉180克，西芹120克，松仁10克

🧂 **调 料**　盐、味精、白糖、葱姜酒汁、水淀粉各适量

🍳 **做 法**

1.火龙果肉、虾仁、鱿鱼、西芹切丁。2.锅中注油，放入腌制的虾仁和鱿鱼丁、松仁炸熟捞出。3.锅留底油，倒入食材，加盐、味精、白糖、水淀粉、火龙果肉拌炒匀。4.将材料盛出，撒入松仁即成。

❀ 做法

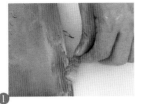

❶ 洗净的黄瓜、红椒切成小块；虾仁切开背部，去掉虾线。

❷ 将虾放入碗中，加调料腌渍10分钟；开水锅中，加食用油、盐。

❸ 倒入黄瓜和红椒，煮1分钟，捞出；倒入虾仁煮约20秒，捞出。

❹ 把黄瓜和红椒倒入碗中，加入虾仁、蒜末、葱花。

❺ 再加入芝麻油、辣椒油，拌匀，装盘。

烹饪时间
Times
14分钟

黄瓜拌虾肉

难易度：★★★☆☆　🍴 3人份

❀ 原料

黄瓜350克，虾仁50克，红椒15克，蒜末、葱花各少许

❀ 调料

盐4克，鸡粉3克，陈醋、生抽、辣椒油各3毫升，芝麻油2毫升，生粉、食用油各适量

❀ 烹饪小提示

虾背上的沙线是虾的肠道，里面含有虾的排泄物，应该剔除，不宜食用。虾仁焯水时间不宜太久，以免影响口感。

① 去皮生姜切丝；红椒去籽，切成丝；开水锅中加料酒、盐、鸡粉。

② 放入姜片、基围虾，搅匀，煮至熟，捞出。

③ 装盘，放入洗净的香菜；用油起锅，倒入约70毫升清水。

④ 加入豉油、姜、红椒、白糖、鸡粉、芝麻油。

⑤ 煮沸，制成味汁，煮好的基围虾蘸上味汁即可食用。

白灼基围虾

难易度：★★★☆☆　　🍴 2人份

烹饪时间
Times
5 分钟

原 料

基围虾250克，生姜35克，红椒20克，香菜少许

调 料

盐3克，料酒30毫升，豉油30毫升，鸡粉、白糖、芝麻油、食用油各适量

烹饪小提示

余煮基围虾时，放入少许柠檬片可去除腥味，使虾肉味道更鲜美。鲜虾很容易熟，煮沸后应立即关火。

韭菜拌虾仁

难易度：★★☆☆☆　　👤2人份

烹饪时间
Times
4分钟

🥬 原 料

韭菜150克，红椒15克，虾仁50克

🥄 调 料

盐4克，鸡粉2克，生抽4毫升，芝麻油2
毫升，食用油适量

🥢 烹饪小提示

韭菜焯水的时间不宜过长，否则会破
坏维生素，烫20~30秒钟为宜。可加入
淀粉给虾仁上浆，口感更滑嫩。

🍳 做 法

❶ 洗净的韭菜切3厘米长
的段；红椒去籽，切
成丝。

❷ 开水锅中，加入食用
油、盐、韭菜、红椒，
煮半分钟，捞出。

❸ 开水锅中放入虾仁煮1
分钟至熟，捞出，沥
干水分，备用。

❹ 韭菜和红椒中，倒入虾
仁，加盐、鸡粉、生
抽、芝麻油，装盘。

醋拌墨鱼卷

难易度：★★☆☆☆　　🍴 1人份

🥔 原 料

墨鱼100克，姜丝、葱丝、红椒丝各少许

🧂 调 料

盐2克，鸡粉3克，芝麻油、陈醋各适量

🔖 烹饪小提示

墨鱼切花刀时要尽量均匀，这样才更容易入味。墨鱼焯水之后用柠檬冰水处理后再拌制，吃起来会更加脆嫩。

🔪 做 法

❶ 将处理好的墨鱼切上花刀，再切成小块，备用。

❷ 锅中注入适量清水烧开，倒入墨鱼，煮10分钟至其熟透；捞出。

❸ 碗中加入盐、陈醋、鸡粉、芝麻油，拌匀，制成酱汁。

❹ 把酱汁浇在墨鱼上，放上葱丝、姜丝、红椒丝，装盘即可。

虾酱凉拌河粉

难易度：★★★☆☆　　🍴 5人份

🕐 烹饪时间 Times 5分钟

🎧 **原 料**

虾仁80克，西红柿100克，黄瓜100克，花生米50克，河粉400克，罗勒叶少许

🍶 **调 料**

盐、鸡粉各2克，白糖3克，虾酱5克，鱼露2毫升，辣椒油、生抽、米醋、食用油适量

🍳 **做 法**

1.黄瓜、西红柿切粗丝，虾仁横切一刀。2.热锅注油，将花生米炸至酥脆，捞出。3.开水锅中将虾仁煮至变红，凉水中冷却；再焯河粉，过凉水。4.碗中加入西红柿、黄瓜、花生米、罗勒叶、虾仁。5.加盐、鸡粉、生抽、鱼露、米醋、白糖、辣椒油、虾酱，拌匀，装盘。

海米拌菠菜

难易度：★★★☆☆　　🍴 2人份

🕐 烹饪时间 Times 5分钟

🎧 **原 料**　菠菜200克，海米20克，蒜末、葱花各少许

🍶 **调 料**　盐2克，鸡粉2克，生抽、食用油各适量

🍳 **做 法**

1.菠菜去根部，切成段，装入盘中，待用。2.开水锅中，放入食用油，焯煮菠菜，捞出。3.用油起锅，放入虾米炒香，盛出。4.菠菜中，放入蒜末、虾米。5.倒入生抽，加入盐、鸡粉，拌匀，装盘。

毛蛤拌菠菜

难易度：★★☆☆☆　　👥 3人份

🍲 原料

毛蛤300克，菠菜120克，彩椒丝40克，蒜末少许

🥢 调料

盐3克，鸡粉2克，生抽4毫升，陈醋10毫升，芝麻油、食用油各适量

🍳 烹饪小提示

毛蛤入锅烫制时，一定要掌握时间，时间过久会影响毛蛤的鲜度；煮熟后用凉开水清洗几次，这样更利于健康。

🍳 做 法

❶ 菠菜切去根部，切小段；彩椒切丝，备用。

❷ 开水锅中加食用油，倒入菠菜、彩椒丝，搅匀；煮至断生后捞出。

❸ 再倒入洗净的毛蛤，搅匀，用大火煮一会儿，熟后捞出，沥干。

❹ 取碗，倒入菠菜和彩椒丝，撒上蒜末。

❺ 倒入毛蛤，淋生油、芝麻油，加盐、鸡粉、陈醋，搅至入味，摆盘。

辣拌蛤蜊

难易度：★★★☆☆　　4人份

烹饪时间
Times
6分钟

原料

蛤蜊500克，青椒20克，红椒15克，蒜末、葱花各少许

调料

盐3克，鸡粉1克，辣椒酱10克，生抽5毫升，料酒、陈醋各4毫升，食用油适量

烹饪小提示

蛤蜊肉一定要用清水充分洗净。蛤蜊等贝类本身极富鲜味，烹制时不要再加味精，也不宜多放盐。

做法

❶ 洗净的红椒、青椒切圈，备用。

❷ 开水锅中倒入蛤蜊，煮至壳开、肉熟透，捞出，洗净。

❸ 用油起锅，倒入青椒、红椒、蒜末及调料，制成调味料。

❹ 把蛤蜊倒入另一只碗中，撒上葱花，倒上调味料，搅匀即可。

烹饪时间
Times
2分钟

凉拌杂菜北极贝

难易度：★☆☆☆☆　　2人份

原料

胡萝卜80克，黄瓜70克，北极贝50克，苦菊40克

调料

白糖2克，胡椒粉少许，芝麻油、橄榄油各适量

做法

1.将胡萝卜、黄瓜切开，改切片。2.取一大碗，倒入胡萝卜片、黄瓜片，放入备好的北极贝，加入少许白糖。3.撒上适量胡椒粉，注入少许芝麻油、橄榄油。4.快速搅拌一会，至食材入味。5.另取一盘子，放入洗净的苦菊，铺放好，再盛入拌好的食材，摆好盘即成。

烹饪时间
Times
5分钟

豉汁鱿鱼筒

难易度：★★★☆☆　　3人份

原料

鱿鱼200克，豆豉30克，白芝麻15克，西蓝花150克

调料

白糖3克，鸡粉2克，生抽5毫升，盐、食用油各少许

做法

1.热水锅中加盐，倒入鱿鱼，去腥，捞出。
2.倒入食用油，放入西蓝花，煮至断生，捞出。3.将鱿鱼切成圈，摆盘，摆上西蓝花朵。
4.热锅注油，倒豆豉、生抽、清水、白糖、鸡粉，制成味汁，浇在鱿鱼上，撒上芝麻即可。

做法

❶ 洗好的香菜切成小段，备用。

❷ 锅中注入适量清水烧开，倒入洗好的血蛤，略煮一会儿。

❸ 将汆煮好的血蛤捞出，沥干水分，待用。

❹ 将血蛤去壳，取出血蛤肉，装入碗中。

❺ 放入香菜、盐、生抽、鸡粉，再淋入少许芝麻油、陈醋，搅匀，装盘即可。

香菜拌血蛤

难易度：★★☆☆☆　　2人份

烹饪时间 Times 4分钟

原料

血蛤400克，香菜少许

调料

盐2克，生抽6毫升，鸡粉2克，芝麻油4毫升，陈醋3毫升

烹饪小提示

血蛤先用凉开水泡一下，多清洗几遍才会干净。此外，烫血蛤的时候不要太久，如若贝壳已全张开表示肉质变老。

烹饪时间
Times
4分钟

蒜香拌蛤蜊

难易度：★★☆☆☆　　🍴 2人份

🥘 原 料

莴笋120克，水发木耳40克，彩椒70克，蛤蜊肉70克，蒜末少许

🧂 调 料

盐3克，白糖3克，陈醋5毫升，蒸鱼豉油2毫升，芝麻油2毫升，食用油适量

◎ 烹饪小提示

蛤蜊煮开口后，就要捞出，不然会影响蛤蜊的鲜度和口感；余煮好的蛤蜊肉可过一下凉开水，口感会更好。

🥢 做 法

1 木耳切小块，去皮的莴笋用斜刀切段，改切成片，彩椒切成小块。

2 开水锅中，放入少许盐、食用油。

3 倒入莴笋、木耳、彩椒，搅拌匀，加入蛤蜊肉，煮半分钟；捞出。

4 沥干水分，倒入碗中，备用。

5 加入蒜末、白糖、陈醋、盐、蒸鱼豉油、芝麻油，拌匀，装盘。

拌鱿鱼丝

难易度：★★☆☆☆　　🍴2人份

🥩 原 料

鱿鱼肉120克，黄瓜160克

🧂 调 料

盐、鸡粉1克，料酒4毫升，生抽、花椒油3毫升，辣椒油5毫升，陈醋4毫升

烹饪时间
Times
3分钟

🍳 烹饪小提示

若将鱿鱼放微波炉中先转上几分钟，至七八成熟，再焯煮，这样可以去掉腥味。

🥢 做 法

❶ 黄瓜切细丝，装盘待用；洗好的鱿鱼肉切片，改切粗丝。

❷ 锅中注水烧开，加料酒，倒入鱿鱼。

❸ 煮至熟透，捞出鱿鱼，沥干，放入装有黄瓜的盘中，备用。

❹ 将鸡粉、生抽、花椒油、辣椒油、陈醋调成味汁，浇入碗中即可。

黄瓜拌蚬肉

难易度：★★☆☆☆　📖 3人份

烹饪时间
Times
3分钟

🥦 原 料

黄瓜200克，花甲肉90克，香菜15克，胡萝卜100克，姜末、蒜末各少许

🧂 调 料

盐、白糖3克，鸡粉2克，料酒8毫升，生抽、陈醋8毫升，芝麻油2毫升

🍲 烹饪小提示

蚬肉应先清理干净异物，用菜筛隔着水来回搅动可以很容易洗干净沙子。此外，花甲肉偏咸，可以不放盐。

🥄 做 法

1 胡萝卜切丝，香菜切段，黄瓜切丝；开水锅中，加料酒、盐。

2 倒入胡萝卜，加入花甲肉，搅拌匀，煮1分钟至熟，捞出。

3 把黄瓜装碗，加入胡萝卜和花甲，倒入姜末、蒜末、香菜。

4 加盐、鸡粉、白糖，淋生抽、陈醋、芝麻油，搅匀，装盘。

做 法

❶ 蒜薹切小段，彩椒切粗丝；处理干净的鱿鱼肉切粗丝。

❷ 鱿鱼丝中加盐、鸡粉，淋料酒，腌渍10分钟。

❸ 开水锅中放食用油，焯煮蒜薹、彩椒，捞出；再余煮鱿鱼丝，捞出。

❹ 将蒜薹和彩椒装碗，放入鱿鱼丝、盐、鸡粉、豆瓣酱、蒜末，搅匀。

❺ 加芝麻油，搅拌至食材入味，盛出，装盘。

烹饪时间
Times
13分钟

蒜薹拌鱿鱼

难易度：★★☆☆☆　　🍴 3人份

🍄 原 料

鱿鱼肉200克，蒜薹120克，彩椒45克，蒜末少许

🍶 调 料

豆瓣酱8克，盐3克，鸡粉2克，生抽4毫升，料酒5毫升，辣椒油、芝麻油、食用油各适量

⭕ 烹饪小提示

鱿鱼的腌渍时间可适当长一些，这样能减轻其腥味。鱿鱼焯水不必过久，一般鱿鱼须卷曲则可捞出。

❶ 开水锅中倒入扇贝，略煮至贝壳张开后捞出，洗净，留取扇贝肉。

❷ 洗净的菠菜切段、彩椒切粗丝，洗净的扇贝肉切开。

❸ 开水锅中，倒入菠菜、彩椒丝，焯熟后捞出。

❹ 沸水锅中放入扇贝肉，大火煮至熟软后捞出。

❺ 将菠菜、彩椒丝、扇贝肉、盐、鸡粉、生抽、芝麻油，搅匀，装盘。

烹饪时间 Times **12分钟**

扇贝拌菠菜

难易度：★★☆☆☆　📖 3人份

原 料

扇贝600克，菠菜180克，彩椒40克，蒜末、姜末各少许

调 料

盐3克，鸡粉3克，生抽10毫升，芝麻油、食用油各适量

烹饪小提示

焯煮菠菜时加入少许食用油，可以使其色泽更翠绿；扇贝肉很容易熟，焯水时间不宜过久。

酱汁钉螺

难易度：★★☆☆☆　　　🍴 4人份

原料

钉螺1000克，白酒15毫升，万用卤包1个，姜片少许

调料

盐3克，料酒10毫升，生抽5毫升，白糖3克，老抽3毫升

做法

1.锅中注水烧开，倒入备好的钉螺，淋料酒，搅匀氽煮至断生。2.将煮好的钉螺捞出，沥干水分，待用。3.放入万用卤包、姜片，加盐、生抽、白糖，搅匀调味。4.淋少许老抽，搅拌片刻，烧开后转小火煮30分钟，制成卤汁。5.掀开锅盖，拣去卤包，将卤汁倒入钉螺内，浸泡至凉，装盘。

白灼花螺

难易度：★★☆☆☆　　　🍴 3人份

原料

花螺500克，红椒丝、姜丝、葱丝各少许

调料

料酒4毫升，生抽10毫升

做法

1.锅中注入适量清水烧开，倒入洗好的花螺。2.略煮一会儿，淋入少许料酒，氽去腥味。3.将煮好的花螺捞出，沥干水分，装入盘中。4.将备好的葱丝、姜丝、红椒丝放入盘中，加入少许生抽，制成味汁，待用。5.食用时蘸食调好的味汁即可。

炝拌小银鱼

难易度：★★☆☆☆　　🍴 1人份

烹饪时间
Times
5分钟

🎧 原 料

水发小银鱼100克，辣椒粉5克，蒜末、葱花各少许

🍶 调 料

盐2克，生抽3毫升，鸡粉、食用油各适量

🥢 烹饪小提示

小银鱼洗好后沥干水分，这样炸的时候不易粘锅。炸银鱼时，要控制好时间和油温，以免炸焦。

🔪 做 法

❶ 热锅注油，烧至五成热，放入小银鱼，炸约半分钟，捞出。

❷ 锅底留油，倒入蒜末、辣椒粉爆香，加入适量盐、鸡粉。

❸ 再倒入少许生抽，炒匀调味，将炒好的调味料盛入碟中。

❹ 将小银鱼装碗中；放入调料，撒入葱花，拌匀，装盘即可。

做 法

1 锅中注油，倒入生姜片、葱结，大火爆香。

2 再放入干辣椒、草果、香叶、桂皮、干姜、八角、花椒，翻炒香。

3 转中小火，加入豆瓣酱，翻炒匀，注入清水，放入麻辣鲜露。

4 加盐、味精、生抽、老抽，煮30分钟，即成。

5 放入洗净的田螺；卤制约15分钟至入味，捞出田螺，装盘。

烹饪时间
Times
47分钟

辣卤田螺

难易度：★★★☆☆　　2人份

原 料

田螺350克，干辣椒7克，草果10克，香叶3克，桂皮10克，干姜8克，八角7克，花椒4克，生姜片20克，葱结15克

调 料

豆瓣酱10克，麻辣鲜露5毫升，盐25克，味精20克，生抽20毫升，老抽10毫升，食用油适量

烹饪小提示

将新鲜的田螺放在盆中用清水浸泡几天，待其污物排出干净再烹制，且一定要煮熟煮透后食用。

做 法

❶ 菠菜、香菜切段，彩椒切丝；开水锅中加食用油、盐、鸡粉。

❷ 倒入淡菜，淋料酒，煮1分钟，捞出，沥干。

❸ 将菠菜倒入沸水中，加入彩椒，略煮一会儿，捞出，沥干。

❹ 将菠菜和彩椒装入碗中，倒入淡菜、姜丝。

❺ 加蒜末、香菜、盐、鸡粉、生抽、芝麻油，搅拌至食材入味，装盘。

烹饪时间
Times
4分钟

淡菜拌菠菜

难易度：★★☆☆☆　3人份

原 料

水发淡菜70克，菠菜300克，彩椒40克，香菜25克，姜丝、蒜末各少许

调 料

盐4克，鸡粉4克，料酒5毫升，生抽5毫升，芝麻油2毫升

烹饪小提示

淡菜宜先用温水泡发后再使用，既可以去除泥沙杂质，又能保持成品口感。淡菜的味道偏淡，可以多放点盐。

中庄醉蟹

难易度：★★☆☆☆　　🧍1人份

烹饪时间
Times
7 天

🦀 原　料

花蟹2只

🧂 调　料

米酒1碗，花椒、陈醋、蒜末各少许，盐适量

🍳 做　法

🌿 烹饪小提示

因为米酒具有挥发性，腌渍花蟹时，应确保保鲜膜足够密封，且腌渍时间足够长。

❶ 花椒倒入大碗内，加入盐，放入处理好的花蟹，倒入米酒。

❷ 将碗用保鲜膜密封，放入3~5℃的冰箱中腌制7天。

❸ 花蟹腌渍好取出，将保护膜拆去。

❹ 用筷子夹入盘中，佐以陈醋、蒜末即可。

烹饪时间
Times
5分钟

苦菊拌海蜇头

难易度：★★☆☆☆　　👥 2人份

🍖 原料

苦菊100克，海蜇头80克，紫甘蓝70克，蒜末少许

🧂 调料

盐、鸡粉各2克，胡椒粉少许，陈醋7毫升，芝麻油、食用油各适量

🍲 烹饪小提示

海蜇头要浸泡在淡盐水里，换水后再泡清水里，大约泡一夜即可。此外，还可将其冲洗，都能减轻其咸味。

🍳 做 法

❶ 海蜇头切开，再切小块，紫甘蓝切小片，洗净的苦菊切段。

❷ 开水锅中，焯煮海蜇头，搅匀，捞出。

❸ 开水锅中，加入盐、食用油，焯煮紫甘蓝、苦菊片刻捞出，沥干。

❹ 将海蜇头、紫甘蓝、苦菊装碗中，撒上蒜末。

❺ 加盐、鸡粉、胡椒粉、陈醋、芝麻油；搅拌，盛出，摆盘即可。

Part 5

最爱缤纷沙拉，
清香爽口

　　一盘五彩缤纷的沙拉无疑是夏日餐桌的不二选择，时令新鲜的蔬菜瓜果经过不同的搭配组合，再加上沙拉酱的完美融合，是不是让你垂涎欲滴？但是想要做出既美味可口又卖相十足的沙拉却并不容易，蔬菜与水果的搭配，水果与海鲜的搭配，肉类与蔬菜的搭配，每一样都大有讲究。本章将结合视频制作，介绍多道外形美观、口感爽脆的沙拉制作方法，就让我们跟着食谱，制作出令人无法抗拒的多彩沙拉吧。

西瓜哈密瓜沙拉

难易度：★☆☆☆☆　　👥 3人份

🥣 **原 料**

西瓜200克，圣女果35克，哈密瓜150克

🍶 **调 料**

沙拉酱适量

💬 **烹饪小提示**

制作前应将圣女果的蒂摘除；西瓜切小块易被氧化，失去风味，制作好的沙拉最好立即食用。

🔪 **做 法**

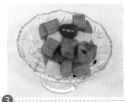

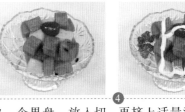

❶ 清洗干净的西瓜取瓜瓤，先切成条，再改切成小块。

❷ 洗好去皮的哈密瓜取果肉，先切成条，再切成块。

❸ 取一个果盘，放入切好的水果、洗净的圣女果，摆好。

❹ 再挤上适量沙拉酱，即可食用。

做法

1 洗净的猕猴桃，去除表皮，再去除硬芯，把果肉切成片。

2 葡萄柚剥去皮，把果肉切成小块；洗好的圣女果切成小块，备用。

3 把切好的葡萄柚、猕猴桃装入碗中。

4 挤入适量炼乳，用勺子搅拌均匀，使炼乳裹匀食材。

5 取一个干净的盘子，摆上圣女果装饰，装盘。

烹饪时间 Times **1分钟**

葡萄柚猕猴桃沙拉

难易度：★☆☆☆☆　🍴 3人份

原料

葡萄柚200克，猕猴桃100克，圣女果70克

调料

炼乳10克

烹饪小提示

为保持葡萄柚的口感，宜用手剥，减少营养流失；沙拉做好后封上保鲜膜，放入冰箱冷藏片刻再取出食用，口感更佳。

柠檬沙拉

难易度：★☆☆☆☆　　🍴 4人份

烹饪时间
Times
4分钟

🔵 原 料

柠檬50克，雪梨250克，苹果300克，葡萄、蜂蜜各少许

⚙ 做 法

1.清洗干净的苹果，除去表皮，去核，先切大块，改切成小块；清洗干净的雪梨，除去表皮，去籽，先切大块，改切成小块。2.取一个干净的大碗，放入切好的雪梨、苹果。3.将柠檬切开，用手挤入柠檬汁，倒入适量蜂蜜，将食材搅拌均匀。4.再将挤过汁的柠檬切成片，摆放在盘子周围。5.将拌好的沙拉倒在盘子中，用切好的葡萄做装饰即可。

芒果梨丝沙拉

难易度：★☆☆☆☆　　🍴 2人份

🔵 原 料

去皮芒果100克，去皮梨子100克，蜂蜜少许

⚙ 做 法

1.清洗干净的芒果先切成片，改切成丝。2.清洗干净的梨子去内核，先切成片，改切成丝。3.取一个干净的大碗，放入切好的芒果和切好的梨子。4.挤入适量蜂蜜。5.用筷子搅拌均匀。6.将拌好的沙拉摆放在备好的盘子中，再放上装饰，即可食用。

烹饪时间
Times
4分钟

蓝莓果蔬沙拉

难易度：★☆☆☆☆　👥 4人份

Times **2分钟**
烹饪时间

🐮 原 料

黄瓜120克，火龙果肉片110克，橙子100克，雪梨90克，蓝莓80克，柠檬70克

🥣 调 料

沙拉酱15克

🍳 烹饪小提示

黄瓜不宜去皮，以免损失营养物质；雪梨切好后若不立即食用，可放入淡盐水中浸泡一会，避免氧化变黑。

🥄 做 法

   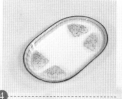

❶ 洗净的橙子去皮，切小块；洗净去皮的雪梨、黄瓜切小块。

❷ 把切好的食材装入碗中，倒入蓝莓，放入部分火龙果肉片。

❸ 挤上适量沙拉酱，再挤入柠檬汁，拌至食材入味。

❹ 取一盘子，摆上余下的火龙果；再盛入食材，摆好盘即成。

酸奶水果沙拉

难易度：★☆☆☆☆　　👫3人份

烹饪时间
Times
4分钟

😀 做法

❶ 将洗净去皮的哈密瓜、雪梨切丁。

❷ 洗好的苹果切瓣，去除果核，把果肉切丁。

❸ 洗净的圣女果切小块，备用。

❹ 取一个干净的大碗，倒入切好的材料，加入适量酸奶。

❺ 快速搅拌至食材混合均匀；另取一个干净的盘子，盛入拌好的食材，摆好盘即成。

🍴 原 料

哈密瓜120克，雪梨100克，苹果90克，圣女果40克

🍶 调 料

酸奶20毫升

🍳 烹饪小提示

食材不宜切得太小，切好的食材要立即使用，以免暴露在空气中的时间太长，而形成氧化，影响外观。

鸡蛋水果沙拉

难易度：★☆☆☆☆　👫 3人份

🐏 **原 料**

去皮猕猴桃1个，苹果1个，橙子160克，熟鸡蛋1个，酸奶60克

🍚 **调 料**

罕宝南瓜籽油5毫升

🔪 **做 法**

1.猕猴桃一半切片，一半切块；苹果切块；橙子切片；鸡蛋切小瓣。2.取一盘，四周摆上橙子片，每片橙子上放上一片猕猴桃，中间放上苹果和猕猴桃块。3.取一碗，倒入酸奶、南瓜籽油，拌匀，制成沙拉酱。4.将沙拉酱倒在水果上，顶端放上切好的鸡蛋即可。

橙香蓝莓沙拉

难易度：★☆☆☆☆　👫 2人份

🐏 **原 料**　橙子60克，蓝莓50克，葡萄50克，酸奶50克，橘子50克

🔪 **做 法**

1.清洗干净的橙子切片；清洗干净的橘子对半切开。2.清洗干净的葡萄对半切开。3.取一个干净的大碗，放入橘子、葡萄、蓝莓，搅拌均匀。4.取一个干净的盘，摆放上切好的橙子片。5.倒入拌好的水果，浇上酸奶即可。

草莓苹果沙拉

难易度：★☆☆☆☆　　👥 1人份

烹饪时间
Times
1分钟

◉ 原 料

草莓90克，苹果90克

🥢 调 料

沙拉酱10克

◎ 烹饪小提示

草莓先用清水泡一会儿再冲洗，能更好地清除表面的杂质；如果不喜欢沙拉酱，可用酸奶代替。

🔪 做 法

1 草莓去蒂，切小块；苹果去核，切成瓣，再切成小块。

2 把切好的苹果、草莓装入碗中。

3 加入适量沙拉酱。

4 搅拌至其入味；将拌好的水果沙拉盛出，装入盘中即可。

🥢 做 法

1 洗净的番荔枝去除果皮，去核，切小瓣，改切成小块。

2 将猕猴桃洗干净，去皮，切开，去除硬芯，切成小块。

3 橙子去除果皮，再切成小块，备用。

4 取一碗，放入切好的番荔枝、猕猴桃、橙子。

5 加入适量酸奶，拌匀；另取一盘子，盛入沙拉，摆好即可。

烹饪时间
Times
3分钟

番荔枝水果沙拉

难易度：★☆☆☆☆　🍽 2人份

🍎 原 料

番荔枝120克，橙子80克，猕猴桃65克，酸奶50毫升

◎ 烹饪小提示

剥橙子前，先将橙子放在两手中间用力揉搓，直至皮软，就可像剥橘子那样将皮剥掉，也可避免营养素流失。

橙盅酸奶水果沙拉

难易度：★☆☆☆☆　　🍱 1人份

烹饪时间
Times
2 分钟

🍎 原 料

橙子1个，猕猴桃肉35克，圣女果50克，酸奶30克

🥄 做 法

1.将猕猴桃肉切小块；清洗干净的圣女果对半切开；清洗干净的橙子切去头尾，用雕刻刀从中间分成两半。2.取出橙子果肉，制成橙盅，再把果肉改切成小块，待用。3.取一个干净的大碗，倒入切好的圣女果，放入切好的橙子肉块，撒上切好的猕猴桃肉。4.快速搅拌一会儿，至食材混合均匀；另取一个干净的盘，放上做好的橙盅，摆整齐。5.再盛入拌好的材料，浇上酸奶即可。

烹饪时间
Times
3 分钟

芹菜甜橘沙拉

难易度：★★☆☆☆　　🍱 2人份

🍎 原 料

芹菜段45克，橘子肉110克，圣女果肉瓣85克，柠檬汁20克

🫙 调 料

白糖2克，白醋10毫升，蜂蜜适量

🥄 做 法

1.锅中注入适量清水烧热，倒入洗净的芹菜段，煮至其断生后捞出，沥干。2.取一碗，倒入焯好的芹菜段，放入备好的橘子肉。3.倒入洗净的圣女果瓣，淋上少许柠檬汁。4.加入适量白糖、白醋，倒入少许蜂蜜，快速搅拌至食材入味。5.另取一盘，盛入拌好的菜肴，摆好盘即可。

猕猴桃苹果黄瓜沙拉

难易度：★☆☆☆☆　🍴2人份

烹饪时间
Times
1分钟

🥘 原 料

苹果120克，黄瓜100克，猕猴桃100克，牛奶20毫升

🧂 调 料

沙拉酱少许

◎ 烹饪小提示

苹果切好后若不立即使用，可浸入淡盐水中，避免氧化变黑；黄瓜也可浸入淡盐水中，去除其涩味。

🍳 做 法

❶ 将黄瓜切片；苹果切块；洗好去皮的猕猴桃切片。

❷ 把切好的黄瓜、苹果、猕猴桃装入备好的碗中。

❸ 倒入备好的牛奶；放入少许沙拉酱。

❹ 快速搅匀，至入味；取一盘子，盛入食材，摆好盘即成。

❶ 圣女果、草莓切成小块；香蕉去皮，把果肉切成小块。

❷ 洗净去皮的猕猴桃切成小块。

❸ 洗净的火龙果取出果肉，切成小块。

❹ 把切好的水果装入碗中，倒入备好的酸牛奶，加入少许沙拉酱。

❺ 快速搅拌至食材入味，取一盘子，盛入沙拉，摆好盘即成。

烹饪时间
Times
1分钟

水果酸奶沙拉

难易度：★☆☆☆☆　　4人份

原 料

火龙果120克，香蕉110克，猕猴桃100克，圣女果100克，草莓95克，酸牛奶100毫升

调 料

沙拉酱10克

烹饪小提示

清洗草莓时不要摘除草莓蒂，先用清水浸泡15分钟，再用流水冲洗，去蒂后用盐水浸泡5分钟，可去除表皮污物。

橘子香蕉水果沙拉

难易度：★☆☆☆☆　　🍽 5人份

🥗 原 料

去皮香蕉200克，去皮火龙果200克，橘子瓣80克，石榴籽40克，柠檬15克，去皮梨子100克，去皮苹果80克，沙拉酱10克

🔪 做 法

1.香蕉切成丁；火龙果、苹果切块。2.洗好的梨去内核，切块。3.取一碗，放入梨子、苹果、香蕉、火龙果、石榴籽，挤入柠檬汁，搅匀。4.取一盘，摆放上橘子瓣，倒入水果，挤上沙拉酱即可。

烹饪时间 Times 2分钟

双果猕猴桃沙拉

难易度：★☆☆☆☆　　🍽 4人份

🥗 原 料　雪莲果210克，火龙果200克，猕猴桃100克，牛奶60毫升

🥣 调 料　沙拉酱10克

🔪 做 法

1.火龙果、猕猴桃洗净去皮，果肉切小块。2.洗净去皮的雪莲果切开，再切片，备用。3.把切好的水果装入碗中，加入少许沙拉酱，倒入备好的牛奶。4.快速搅拌一会儿，至食材入味。5.取一个干净的盘子；盛入拌好的水果沙拉，摆盘即成。

烹饪时间 Times 2分钟

菠萝黄瓜沙拉

难易度：★☆☆☆☆　　👥 2人份

烹饪时间
Times
1分钟

🍲 原 料

菠萝肉100克，圣女果45克，黄瓜80克

🧂 调 料

沙拉酱适量

🥢 做 法

1.将洗净的黄瓜切开，再切成薄片；洗好的圣女果对半切开。2.备好的菠萝肉切小块。3.取一大碗，倒入黄瓜片，放入切好的圣女果。4.撒上菠萝块，快速搅匀，使食材混合均匀。5.另取一盘，盛入拌好的材料，摆好盘，最后挤上少许沙拉酱即可。

烹饪时间
Times
2分钟

缤纷蜜柚沙拉

难易度：★☆☆☆☆　　👥 2人份

🍲 原 料

柚子肉80克，去皮苹果80克，枸杞3克，大枣15克，熟花生米15克，去皮猕猴桃40克，葡萄干20克，酸奶20克，杏仁15克，熟黑芝麻15克

🧂 调 料

白醋5毫升，橄榄油、蜂蜜各适量

🥢 做 法

1.苹果去内核，切块；猕猴桃切片；大枣去核。2.取一碗，倒入柚子肉、苹果、大枣、葡萄干、花生米、杏仁、枸杞、黑芝麻。3.加入白醋、橄榄油、蜂蜜，用筷子搅拌均匀。4.将切好的猕猴桃片摆放在盘子中。5.倒入拌好的水果，浇上酸奶即可。

杨桃甜橙木瓜沙拉

难易度：★☆☆☆☆　👥 3人份

烹饪时间 Times 2分钟

🍽 原 料

木瓜200克，杨桃、橙子各100克，圣女果90克，柠檬60克

🧂 调 料

酸奶适量

💡 烹饪小提示

甜橙最好不要使用带酸味的，不然与柠檬汁搭配会带苦味；挤入的柠檬汁分量不要太多，以免味道太酸。

🍴 做 法

① 杨桃、木瓜、橙子肉切成片；柠檬切片；圣女果切开。

② 取一个大碗，倒入切好的木瓜片、橙子肉、杨桃片。

③ 放入切好的圣女果，加入适量酸奶，快速搅至食材混合均匀。

④ 另取一盘子，盛出食材摆好；再取柠檬片，挤出汁水，滴在盘中即成。

烹饪时间
Times
3分钟

紫甘蓝雪梨玉米沙拉

难易度：★★☆☆☆　　🍴 3人份

🥬 **原料**

紫甘蓝90克，雪梨120克，
黄瓜100克，西芹70克，鲜
玉米粒85克

🧂 **调料**

盐2克，沙拉酱15克

💡 **烹饪小提示**

紫甘蓝不要焯煮太久，否则不仅影响口感，其营养物质也
容易流失；煮玉米粒时加点盐，会让玉米的甜味更突出。

🔪 **做 法**

❶ 西芹、黄瓜切丁；去皮
的雪梨切小块；紫甘蓝
切小块。

❷ 开水锅中放盐，倒入洗
净的玉米粒，煮半分
钟，至其断生。

❸ 加入紫甘蓝，再煮半分
钟，捞出，沥干。

❹ 切好的西芹、雪梨、黄
瓜倒入碗中；加入焯过
水的紫甘蓝和玉米粒。

❺ 再倒入沙拉酱，搅拌
匀，装碗即可。

蜜柚苹果猕猴桃沙拉

难易度：★☆☆☆☆　　🧑3人份

🍳 **烹饪时间**
Times
2分钟

🥬 原料

柚子肉120克，猕猴桃100克，苹果100
克，巴旦木仁35克，枸杞15克

🥄 调料

沙拉酱10克

😋 烹饪小提示

猕猴桃选用刚好成熟的更好处理，若
不喜欢中间的硬芯，可以去除；苹果
皮营养丰富，可以不用去皮。

🍴 做法

❶ 猕猴桃切成小块；苹
果去核，切成瓣，再
切成小块。

❷ 将备好的柚子肉切成
小块。

❸ 把处理好的果肉装入
碗中，放入沙拉酱，
搅拌均匀。

❹ 加入巴旦木仁、枸杞，
搅拌使食材入味；将
沙拉盛出，装盘即可。

猕猴桃大杏仁沙拉

难易度：★☆☆☆☆　　👥 2人份

烹饪时间 Times 2分钟

🍃 原 料

猕猴桃130克，大杏仁10克，生菜50克，圣女果50克，柠檬汁10毫升

🍶 调 料

蜂蜜2克，橄榄油10毫升，盐少许

🍴 做 法

1.圣女果对半切开；去皮的猕猴桃对半切开，再切成片。2.择洗好的生菜切成块，待用。3.取一个大碗，倒入生菜、杏仁、猕猴桃、圣女果，拌匀。4.倒入柠檬汁，加入少许盐、蜂蜜、橄榄油，搅拌均匀。5.将拌好的食材装入盘中即可。

烹饪时间 Times 1分钟

葡萄苹果沙拉

难易度：★☆☆☆☆　　👥 2人份

🍃 原 料

葡萄80克，去皮苹果150克，圣女果40克，酸奶50克

🍴 做 法

1.将清洗干净的圣女果对半切开。2.将清洗干净的葡萄摘取下来。3.清洗干净的苹果切开去籽，先切成大块，再切成丁。4.取一个干净的盘，摆放上处理好的圣女果、葡萄、苹果。5.浇上酸奶即可。

做 法

❶ 西红柿对半切开，取一半切出花瓣形，另一半切成小丁块。

❷ 把洗净的橙子去除果皮，果肉切小块；黄瓜切成小丁块。

❸ 取一个大碗，倒入黄瓜丁、橙肉丁、西红柿丁，挤上适量沙拉酱。

❹ 撒上葡萄干，快速搅拌一会儿，至食材入味，待用。

❺ 另取一盘，摆放上切好的西红柿花瓣，摆盘即可。

烹饪时间
Times
2分钟

黄瓜水果沙拉

难易度：★☆☆☆☆　　　🍴 3人份

原料

黄瓜130克，西红柿120克，橙子85克，葡萄干20克

调料

沙拉酱25克

烹饪小提示

可先将西红柿在开水中烫一下，再去皮；黄瓜尾部含有较多的苦味素，对健康有益，所以不要把黄瓜尾部全部丢掉。

烹饪时间
Times
2分钟

生菜沙拉

难易度：★☆☆☆☆　　👥 3人份

🐮 原 料

紫生菜150克，黄瓜120克，
彩椒50克，圣女果65克

🍶 调 料

沙拉酱适量

💬 烹饪小提示

紫生菜洗净后在水中浸泡20分钟左右，可以去除部分残留
农药；生菜不宜焯水，以免营养流失。

🔪 做 法

❶ 将洗净的紫生菜撕成小
朵；彩椒切粗丝；圣女
果对半切开。

❷ 洗好的黄瓜切成薄片，
备用。

❸ 取一个大碗，倒入彩椒
丝、黄瓜片。

❹ 放入撕好的紫生菜及切
好的圣女果。

❺ 加入适量沙拉酱，搅拌
均匀，装入备好的盘
中，即可食用。

苹果蔬菜沙拉

难易度：★☆☆☆☆　　🍴3人份

🍳 原料

苹果100克，西红柿150克，黄瓜90克，生菜50克，牛奶30毫升

🥄 调料

沙拉酱10克

👄 烹饪小提示

黄瓜的尾部含有苦味素，若不喜欢苦味，可以切除不用；牛奶不要加太多，否则会影响沙拉的口感。

✒ 做法

❶ 西红柿洗净对半切开，切成片；黄瓜切成片；苹果去核切成片。

❷ 将切好的食材装入碗中，倒入牛奶，加入沙拉酱，拌匀。

❸ 继续搅拌片刻，使食材入味。

❹ 把洗好的生菜叶垫在盘底；装入做好的果蔬沙拉即可。

芒果香蕉蔬菜沙拉

难易度：★☆☆☆☆　　🍴 3人份

烹饪时间
Times
1分钟

🍴 原 料

芒果135克，香蕉70克，紫甘蓝60克，生菜30克，胡萝卜40克，圣女果25克，黄瓜75克，紫葡萄50克

🍴 调 料

沙拉酱适量

🍴 做 法

🍴 烹饪小提示

若不喜欢生吃胡萝卜，可稍稍在热水中焯煮一下，煮至断生即可；生菜最好切得细些，这样口感更佳。

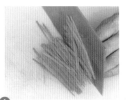

① 将洗净的生菜切细丝；去皮洗净的胡萝卜切片，改切成丝。

② 洗净的黄瓜切条形，去瓤，再切块；香蕉去皮，将果肉切段。

③ 洗净的芒果取果肉切块，紫甘蓝切细丝，备用。

④ 取一碗，倒入食材；放入紫葡萄、圣女果摆好，挤上沙拉酱即成。

菠菜牛蒡沙拉

难易度：★★☆☆☆　👥 1人份

🐑 原 料

菠菜75克，牛蒡85克

🥢 调 料

盐少许，生抽5毫升，沙拉酱、橄榄油各适量

🍴 做 法

1.去皮的牛蒡切细丝；菠菜去根部，切长段。2.开水锅中倒入牛蒡丝，煮至食材断生，捞出沥干，待用。3.沸水锅中焯煮菠菜段，捞出沥干；大碗中倒入牛蒡丝、菠菜段。4.加入盐，淋上生抽、橄榄油，搅至入味。5.另取一盘，盛入拌好的材料，再挤上少许沙拉酱即成。

烹饪时间 Times 3分钟

生菜南瓜沙拉

难易度：★★☆☆☆　👥 2人份

🐑 原 料　生菜70克，南瓜70克，胡萝卜50克，牛奶30毫升，紫甘蓝50克

🥢 调 料　沙拉酱、番茄酱各适量

🍴 做 法

1.胡萝卜、南瓜去皮切丁；生菜切块；紫甘蓝切丝。2.锅中注水烧开，倒胡萝卜、南瓜，氽断生。3.倒紫甘蓝，略煮，捞出放凉水中冷却。4.食材装碗中，放生菜，搅匀。5.取一盘，倒蔬菜、牛奶，挤上沙拉酱、番茄酱即可。

烹饪时间 Times 3分钟

菠菜柑橘沙拉

难易度：★★☆☆☆　　🍴 2人份

烹饪时间
Times
3分钟

🍳 **原 料**

菠菜100克，柑橘90克，香瓜70克，酸奶15克

🥄 **调 料**

沙拉酱少许

🥢 **做 法**

1. 去皮的香瓜切小块；菠菜切成均匀的小段。
2. 锅中注入适量清水烧开，倒入切好的菠菜，搅拌均匀，氽煮片刻至食材断生；将氽煮好的菠菜捞出，沥干。
3. 将香瓜块倒入菠菜中，搅拌片刻；取一个盘子，摆放好柑橘。
4. 倒入拌好的香瓜、菠菜，倒入备好的酸奶。
5. 挤上适量的沙拉酱，即可食用。

烹饪时间
Times
3分钟

生菜苦瓜沙拉

难易度：★★☆☆☆　　🍴 2人份

🍳 **原 料**

苦瓜100克，胡萝卜80克，生菜100克，熟白芝麻5克，柠檬片适量

🥄 **调 料**

白醋4毫升，橄榄油10毫升，盐2克，白糖少许

🥢 **做 法**

1. 苦瓜去籽，切丝；胡萝卜切丝；生菜切丝，待用。
2. 开水锅中放入苦瓜，加盐，煮至断生，捞出，放入凉水中过凉，沥干水分。
3. 将苦瓜装入碗中，放入胡萝卜、生菜，搅匀。
4. 加盐、白糖、白醋、橄榄油，搅匀。
5. 在盘中摆上柠檬片，倒入拌好的食材，再撒上熟白芝麻即可。

做 法

1 西红柿切去两端，修平，掏出中间的果肉，制成西红柿盅。

2 苹果和西红柿果肉切小块，核桃仁切碎。

3 取一碗，倒入西红柿、苹果、核桃仁，挤入少量沙拉酱，搅拌匀。

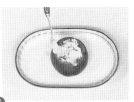

4 取西红柿盅，盛入拌好的水果沙拉，填满。

5 锅置于火上，倒橙汁、蜂蜜、水淀粉，调成汁水，浇在盅上即可。

烹饪时间
Times
3分钟

西红柿沙拉

难易度：★ ★ ☆ ☆ ☆　　2人份

原 料

西红柿190克，苹果75克，核桃仁45克，橙汁60毫升

调 料

水淀粉8毫升，蜂蜜适量，沙拉酱少许

烹饪小提示

蜂蜜不宜多放，以免掩盖沙拉的酸爽味；西红柿盅中不要放得太满，以免西红柿熟软之后变形破裂。

番石榴雪梨菠萝沙拉

烹饪时间
Times
2分钟

难易度：★☆☆☆☆　　📖 2人份

🥗 原 料

番石榴90克，雪梨100克，菠萝180克

🧂 调 料

沙拉酱25克

🍳 烹饪小提示

菠萝在拌之前，在盐水中浸泡一会儿可去掉涩味；水果洗净后要沥干水分，否则会稀释沙拉酱，影响成品外观。

做 法

1 雪梨对半切开，改切成小块；番石榴对半切开，再切成小块。

2 清洗干净的菠萝，去除表皮，再将菠萝肉切成小块。

3 将切好的雪梨、番石榴、菠萝装入备好的碗中。

4 再放入沙拉酱，用筷子搅拌匀，盛出，装入盘中即可。

菠菜甜椒沙拉

难易度：★★☆☆☆　　🍴 2人份

🕐 烹饪时间 Times 3分钟

🥬 **原 料**

菠菜60克，洋葱40克，彩椒25克，西红柿50克，玉米粒50克

🥄 **调 料**

橄榄油10毫升，蜂蜜、盐各少许

🍴 **做 法**

1.西红柿切片；彩椒切丁；洋葱切条，再切小块；菠菜切小段。2.锅中注水烧开，倒入玉米、彩椒、菠菜，搅匀，煮至断生。3.将食材捞出，放入凉水中过凉，捞出，沥干水分。4.快速搅拌均匀，使食材入味。5.在盘中点缀上西红柿，装入拌好的食材即可。

扁豆西红柿沙拉

难易度：★★☆☆☆　　🍴 2人份

🕐 烹饪时间 Times 5分钟

🥬 **原 料**　扁豆150克，西红柿70克，玉米粒50克

🥄 **调 料**　白醋5毫升，橄榄油9毫升，白胡椒粉2克，盐、沙拉酱各少许

🍴 **做 法**

1.扁豆、西红柿切块；开水锅中倒扁豆，煮至断生，捞出后放凉水中过凉，捞出。2.把玉米倒入开水中，煮断生，放凉开水中过凉，捞出。3.将食材装入碗中，倒西红柿。4.加盐、白胡椒粉、白醋等调味，装盘，挤上沙拉酱即可。

烹饪时间
Times
3分钟

橄榄油拌果蔬沙拉

难易度：★★☆☆☆　　🥢 3人份

🔖 原 料

紫甘蓝100克，黄瓜100克，西红柿95克，玉米粒90克

🔖 调 料

盐2克，沙拉酱、橄榄油各适量

🔖 烹饪小提示

制作沙拉时确保果蔬洗净很重要，建议洗完后用淡盐水浸泡消毒；玉米粒较硬，焯煮的时间可稍长，以改善口感。

🔖 做 法

❶ 洗净的黄瓜切片；洗好的紫甘蓝切小块；西红柿切成片，备用。

❷ 开水锅中倒入玉米粒，搅匀，煮约1分钟。

❸ 再放入切好的紫甘蓝，拌匀，煮至食材断生后捞出，沥干。

❹ 把食材装入碗中，倒入黄瓜、西红柿。

❺ 淋入橄榄油，加盐、沙拉酱，快速搅拌至入味，摆盘即可。

大杏仁蔬菜沙拉

难易度：★★☆☆☆　　 👤 2人份

🍴 烹饪时间
Times
3分钟

🌰 原 料

巴旦木仁30克，荷兰豆90克，圣女果100克

🧂 调 料

盐3克，橄榄油3毫升，沙拉酱15克

🌀 烹饪小提示

荷兰豆焯煮熟透后方可食用，以免中毒。可根据自己的口味放沙拉酱，喜欢香甜口味的就多放一点。

🍴 做 法

❶ 圣女果对半切开；荷兰豆摘除头尾，再切成段。

❷ 锅中注水烧开，放入盐、橄榄油，荷兰豆；煮1分钟至熟，捞出。

❸ 将圣女果放入碗中，加入荷兰豆、盐、橄榄油、沙拉酱。

❹ 倒入巴旦木仁，搅拌匀；盛出装入盘中，即可食用。

开心果鸡肉沙拉

难易度：★★☆☆☆　　🍴4人份

烹饪时间
Times
6分钟

🥗 **原 料**

鸡肉300克，开心果仁25克，苦菊300克，圣女果20克，柠檬50克，酸奶20毫升

🧂 **调 料**

胡椒粉1克，料酒5毫升，芥末少许，橄榄油5毫升

🍴 **做 法**

🌶 **烹饪小提示**

氽煮好的鸡肉可以在凉开水里浸泡一会儿，等放凉后再拌，这样可避免高温使沙拉酱变稀影响沙拉的外观和口感。

❶ 圣女果对半切开；苦菊切段；鸡肉切粗条，再切大块。

❷ 开水锅中倒入鸡肉拌匀，加料酒，煮4分钟，氽去血水，捞出。

❸ 柠檬汁挤入酸奶中，加胡椒粉、芥末、橄榄油，制成沙拉酱。

❹ 取一碗，放苦菊、开心果仁、鸡肉、圣女果、沙拉酱即可。

满园春色沙拉

难易度：★★☆☆☆　　👥 2人份

烹饪时间 Times 3分钟

🐮 **原料**

生菜50克，甜椒100克，圣女果50克，洋葱40克

🔒 **调料**

沙拉酱适量

🍴 **做法**

1.甜椒洗净切成块；生菜洗净切成小段；洋葱洗净切成小块；圣女果洗净对半切开。2.在开水锅中，倒入甜椒、洋葱，氽煮片刻，捞出。3.取一个干净盘子，摆上圣女果；将氽煮过的食材装入碗中，放入生菜，拌匀。4.将拌好的食材倒入盘中。5.挤上沙拉酱即可。

圣女果酸奶沙拉

难易度：★☆☆☆☆　　👥 4人份

烹饪时间 Times 2分钟

🐮 **原 料**　圣女果150克，橙子200克，雪梨180克，酸奶90克，葡萄干60克

🔒 **调 料**　罕宝山核桃油10毫升，白糖2克

🍴 **做 法**

1.圣女果对半切开；雪梨去皮，去芯，切块；橙子切片。2.取一碗，倒入酸奶，加白糖，淋入山核桃油，拌匀，制成沙拉酱。3.备一盘，四周摆上橙子片，放圣女果、雪梨，浇沙拉酱，撒上葡萄干即可。

烹饪时间
Times
18分钟

土豆金枪鱼沙拉

难易度：★★★☆☆　　👥 2人份

🥕 原料

土豆150克，熟金枪鱼肉50克，玉米粒40克，蛋黄酱30克，洋葱15克，熟鸡蛋1个

🧂 调料

盐少许，黑胡椒粉2克

💡 烹饪小提示

焯煮玉米粒时，可以加入橄榄油，这样口感会更佳。在酱料中加柠檬汁，会使沙拉酸甜可口，夏天食用更佳。

🍳 做法

❶ 去皮土豆切滚刀块，洋葱切丁，熟金枪鱼肉撕小片，熟鸡蛋切小瓣。

❷ 开水锅中倒入玉米粒，大火煮至断生，捞出。

❸ 小碗中倒入蛋黄酱、洋葱丁，搅匀，撒黑胡椒粉、盐，制成酱料。

❹ 土豆放蒸锅中用中火蒸熟，取出，放入碗中。

❺ 倒玉米粒、金枪鱼肉，加酱料，搅匀装盘，再放熟鸡蛋，摆盘即可。

三文鱼沙拉

难易度：★★☆☆☆　　🍴2人份

烹饪时间
Times
3分钟

🐟 原 料

三文鱼90克，芦笋100克，熟鸡蛋1个，柠檬80克

🍶 调 料

盐3克，黑胡椒粒、橄榄油各适量

🍴 烹饪小提示

芦笋焯水时间过久，会影响其脆嫩的口感。三文鱼是直接生吃的，所以操作过程中一定要特别注意卫生。

🥄 做 法

❶ 芦笋去皮，切成段；煮熟的鸡蛋去壳，切小块；三文鱼切片。

❷ 开水锅中加盐、食用油、芦笋段，煮半分钟，淋橄榄油，捞出。

❸ 芦笋放碗中，倒入三文鱼、柠檬汁、黑胡椒粒、盐、橄榄油搅匀。

❹ 夹出芦笋，摆入盘中，放鸡蛋、三文鱼、剩余芦笋即可。

鲜虾紫甘蓝沙拉

难易度：★★☆☆☆　　🍴 3人份

烹饪时间
Times
3分钟

🥘 原 料

虾仁70克，西红柿130克，彩椒50克，紫甘蓝60克，西芹70克

🧂 调 料

沙拉酱15克，料酒5毫升，盐2克

🍽 烹饪小提示

虾仁只需焯熟即可，焯煮时间不宜太久，不然肉质会变老。紫甘蓝焯水过久，会破坏其营养、影响脆嫩口感。

🍳 做 法

❶ 西芹切成段；西红柿切成瓣；彩椒、紫甘蓝切成块。

❷ 开水锅中放盐、西芹、彩椒、紫甘蓝，煮至断生，捞出。

❸ 再把虾仁倒入沸水锅中，煮至沸，淋料酒，煮至熟，捞出。

❹ 西芹、彩椒和紫甘蓝倒碗中；放西红柿、虾仁、沙拉酱，搅匀，装盘。

白菜玉米沙拉

难易度：★☆☆☆☆　　🍴1人份

🥦 **原 料**

生菜40克，白菜50克，玉米粒80克，去皮胡萝卜40克，柠檬汁10毫升

🍶 **调 料**

盐2克，蜂蜜、橄榄油各适量

⏱ **做 法**

1.洗净的胡萝卜切片，切条，改切成丁；白菜切条形，改切成块；生菜切块。2.锅中注入适量清水烧开，倒入胡萝卜、玉米粒、白菜，焯煮约2分钟至断生。3.关火后将焯煮好的蔬菜放入凉水中，冷却后捞出，沥干水分装碗。4.放入生菜，拌匀，加入盐、柠檬汁、蜂蜜、橄榄油。5.用筷子搅拌均匀，倒入盘中即可。

田园蔬菜沙拉

难易度：★☆☆☆☆　　🍴3人份

🥦 **原 料**

生菜180克，黄瓜110克，圣女果80克

🍶 **调 料**

罕宝山核桃油10毫升，盐1克，白糖2克

⏱ **做 法**

1.洗好的圣女果对半切开；黄瓜切成片；生菜切成块，待用。2.取一盘，四周摆放上切好的圣女果，待用。3.另取一个碗，碗中倒入切好的生菜。4.放入黄瓜片，加盐、白糖、山核桃油，将食材拌匀，使其入味。5.将拌好的食材倒在圣女果上即可。

绿茶蔬果沙拉

烹饪时间 Times 3分钟

难易度：★☆☆☆☆　　👥 2人份

🍴 原料

生菜40克，去皮木瓜50克，去皮黄瓜50克，去皮猕猴桃50克，酸奶40克，蓝莓40克，绿茶粉10克

🔪 做法

1.洗净的生菜切小块；黄瓜切成块；猕猴桃切片；木瓜去籽，切成丁。2.取一盘，摆放好猕猴桃，待用。3.取一碗，放入生菜、黄瓜、蓝莓、木瓜，用筷子搅拌均匀。4.装入摆放猕猴桃的盘子中。5.加入适量酸奶，撒上绿茶粉，即可食用。

烹饪时间 Times 11分钟

木瓜白萝卜丝沙拉

难易度：★★☆☆☆　　👥 2人份

🍴 原料

白萝卜70克，木瓜70克，酸奶50克

🍶 调料

蜂蜜5克，白醋5毫升，盐2克

🔪 做法

1.去皮白萝卜切细丝；去皮木瓜切片，部分切丝。2.取一碗，倒入萝卜丝，加盐，腌渍10分钟，压去多余的水分。3.木瓜片摆盘中；萝卜丝中放入木瓜丝搅匀。4.加白醋、蜂蜜，调味；装盘，倒入酸奶。

✍ 做 法

❶ 去皮牛油果、芒果、三文鱼切开，用模具压出圆饼状，取薄片切丁。

❷ 柠檬切开，部分切薄片，留小块。

❸ 盘中放牛油果，摊平，放沙拉酱，放芒果片叠好。

❹ 再挤上沙拉酱，放入芒果丁，铺平；盖上三文鱼肉片，待用。

❺ 另取一盘子，摆入三文鱼沙拉，放上柠檬片；挤上柠檬汁即可。

牛油果三文鱼芒果沙拉

难易度：★★★☆☆　🍴 4人份

烹饪时间 Times 3分钟

🥗 原 料

三文鱼肉260克，牛油果100克，芒果300克，柠檬30克

🧂 调 料

沙拉酱、柠檬汁各适量

🐟 烹饪小提示

三文鱼放入冰箱低温急冻后更容易切片；三文鱼适合生吃，但若不习惯生吃，也可稍煮或蒸到三至七分熟。

烹饪时间
Times
22分钟

南瓜苹果沙拉

难易度：★☆☆☆☆ 🍴 2人份

🌶 原 料

南瓜200克，苹果100克，
蛋黄酱15克

🥄 调 料

盐1克

⚪ 烹饪小提示

把洗好的苹果放在盐水里浸泡，可防止苹果氧化变黑；蛋
黄酱含胆固醇较高，心血管病患者应少吃。

📖 做 法

① 洗净去皮的南瓜切小
块；洗好的苹果去皮，
去核，再切小块。

② 取一个碗，倒入适量清
水，加入少许盐，放入
苹果，备用。

③ 蒸锅中注水烧开，放入
南瓜，盖上盖，用大火
蒸20分钟至熟。

④ 揭盖，取出南瓜，将其
压成泥，放入碗中。

⑤ 放入苹果、蛋黄酱，拌
匀即可。

鲜果沙拉

难易度：★★☆☆☆　　5人份

烹饪时间
Times
1分钟

原料

橘子30克，苹果40克，猕猴桃30克，樱桃20克，葡萄25克，哈密瓜800克，沙拉酱15克

烹饪小提示

水果一定要先清洗后浸泡，这样才能更好地清除水果中残留的农药，否则，会对人体健康不利。

做法

❶ 去皮的橘子切小块；猕猴桃去头尾，去皮、硬芯，切小块。

❷ 洗好的苹果切瓣，去核，去除表皮，再切成小块。

❸ 哈密瓜切除尾部，再从三分之一处切开；挖去籽，制成果盅。

❹ 苹果、橘子、猕猴桃、葡萄、樱桃、哈密瓜放盅中，蘸沙拉酱食用即可。

三彩沙拉

难易度：★★☆☆☆　　1人份

原 料

白萝卜60克，苦瓜60克，西红柿60克，柠檬汁10毫升

调 料

蜂蜜10克，盐少许

做 法

1.西红柿切开，去蒂，切成瓣；去皮的白萝卜切成丝；苦瓜去籽，切成丝。2.萝卜丝装入碗中，加盐，拌匀，腌渍2分钟；锅中注水烧开，倒入苦瓜，搅匀，略煮。3.将萝卜丝捞出，放入凉水中过凉，捞出，装入碗中，用汤勺压去多余水分。4.将萝卜丝倒入苦瓜丝中，加盐，淋柠檬汁、蜂蜜，搅拌片刻。5.盘中摆好西红柿，倒入拌好的食材即可。

胡萝卜苦瓜沙拉

难易度：★★☆☆☆　　1人份

原 料

生菜70克，胡萝卜80克，苦瓜70克，柠檬汁10毫升

调 料

橄榄油10毫升，蜂蜜5克，盐少许

做 法

1.苦瓜切开，去籽，切丝；胡萝卜切丝；洗好的生菜切丝。2.开水锅中加入少许盐，倒入苦瓜、胡萝卜，煮至断生。3.将食材捞出，放入凉水中过凉，捞出，沥干水分，待用。4.将食材装入碗中，放入备好的生菜。5.放入少许盐、柠檬汁、蜂蜜、橄榄油，搅拌均匀，装盘即可。

做法

❶ 秋葵切段；胡萝卜切丁；去皮的土豆切小块，备用。

❷ 蛋黄中加盐、黑胡椒、芥末、橄榄油、凉开水、柠檬汁，制成酱。

❸ 开水锅中放土豆、胡萝卜、豌豆，大火煮断生。

❹ 倒入秋葵，煮至食材熟软，捞出，沥干。

❺ 焯煮好的食材放入大碗中，浇上适量酱，搅拌，摆盘即可。

烹饪时间
Times
6分钟

蛋黄酱蔬菜沙拉

难易度：★★★☆☆　　👥 2人份

🥗 原料

秋葵60克，柠檬40克，胡萝卜65克，土豆75克，豌豆35克，蛋黄25克

🧂 调料

盐、黑胡椒粉各2克，芥末酱、橄榄油各适量

⬡ 烹饪小提示

蛋黄酱用温开水调更易化开。此外，油应少量多次地加入，才能让油和蛋黄完全乳化，柠檬汁也可按需加入。

黑胡椒土豆沙拉

烹饪时间 Times 23分钟

难易度：★★★☆☆　　🍴 2人份

○ 原 料

土豆200克，胡萝卜、黄瓜各40克

○ 调 料

沙拉酱15克，盐2克，黑胡椒粉少许

◎ 烹饪小提示

土豆的存放时间过长，会生芽变绿，影响食用。此外，土豆块蒸的时间最好长一些，这样捣成泥时会更省力。

✍ 做 法

① 将去皮的土豆切滚刀块；洗好的黄瓜切薄片；胡萝卜切片。

② 蒸锅上火烧开，放入土豆块，大火蒸20分钟至熟透，取出捣碎。

③ 开水锅中放胡萝卜，焯煮约2分钟，断生后捞出，沥干。

④ 取一碗，加土豆泥、黄瓜、胡萝卜、沙拉酱、盐、黑胡椒粉，摆盘即可。

彩椒苦瓜沙拉

难易度：★★☆☆☆　　🍽 1人份

烹饪时间 Times 3分钟

🥗 原　料

彩椒80克，苦瓜70克，生菜30克

🧂 调　料

盐2克，沙拉酱少许

🍳 做　法

1.彩椒切块；苦瓜切开，去籽，用斜刀切片；生菜切段。2.锅中注水烧开，加盐，倒入苦瓜、彩椒，煮至断生。3.将食材捞出，放入凉水中过凉，捞出，沥干水分。4.将食材装入碗中，放入生菜、盐，搅拌均匀，使食材入味。5.将拌好的食材装入盘中，挤上沙拉酱即可。

冬瓜燕麦片沙拉

难易度：★☆☆☆☆　　🍽 3人份

烹饪时间 Times 4分钟

🥗 原　料

去皮黄瓜80克，去皮冬瓜80克，圣女果30克，酸奶20克，熟燕麦70克，沙拉酱10克

🧂 调　料　盐2克

🍳 做　法

1.圣女果对半切开；黄瓜、冬瓜切丁。2.开水锅中加入盐，焯煮冬瓜，捞出，过凉水，沥干，装碗；倒入黄瓜、熟燕麦，拌匀。3.取一盘，将圣女果摆好。4.倒入黄瓜、燕麦、冬瓜、酸奶、沙拉酱即可。

翡翠沙拉

难易度：★★☆☆☆　　🍽 4人份

烹饪时间
Times
5分钟

🐷 原 料

金针菇70克，土豆80克，
胡萝卜45克，彩椒30克，
黄瓜180克，紫甘蓝35克

🧂 调 料

沙拉酱适量

⬡ 烹饪小提示

土豆切好后可放入清水中浸泡，以免氧化发黑；还可将紫甘蓝榨成汁，按自己的喜好放入沙拉酱中，拌匀食用。

🍳 做 法

❶ 洗净的胡萝卜、彩椒、黄瓜、去皮的土豆和去根部的紫甘蓝切细丝。

❷ 开水锅中倒入金针菇，搅匀，煮至八九成熟，捞出，沥干。

❸ 把土豆放入沸水锅中，煮约2分钟至熟，捞出，沥干。

❹ 取一个盘子，放入金针菇、黄瓜、土豆、彩椒、胡萝卜。

❺ 倒入紫甘蓝，挤上沙拉酱即成。

西红柿鸡蛋橄榄沙拉

难易度：★☆☆☆☆　　🍴1人份

烹饪时间
Times
2分钟

🍳 原 料

西红柿100克，罗勒叶、洋葱各少许，
熟鸡蛋1个，去核黑橄榄20克

🥄 调 料

盐、黑胡椒各1克，橄榄油少许

😋 烹饪小提示

生吃西红柿要洗净，最好不要把皮去
掉，因为西红柿的皮中营养丰富。拌
制时可挤入柠檬汁，增加食欲。

🍳 做 法

❶ 洗好的西红柿切片，
摆盘待用；洗净的洋
葱拆成圈。

❷ 去核的黑橄榄切成小
圈；熟鸡蛋切粗片，
备用。

❸ 在西红柿上依次放入
切好的洋葱、鸡蛋、
黑橄榄。

❹ 撒上盐，淋入橄榄
油，撒黑胡椒，放
上罗勒叶点缀即可。

烹饪时间
Times
2分钟

水果豆腐沙拉

难易度：★★☆☆☆　🍴2人份

🍲 原料

橙子40克，日本豆腐70
克，猕猴桃30克，圣女果
25克，酸奶30毫升

🍳 烹饪小提示

豆腐切成棋子块摆盘，让切面朝下，可更好的吸收汤汁。
酸奶不宜加太多，以免掩盖豆腐和水果本身的味道。

🔪 做 法

❶ 将日本豆腐去除外包
装，切成棋子块。

❷ 去皮洗好的猕猴桃切成
片；洗净的圣女果切成
片；将橙子切成片。

❸ 锅中注入适量清水，用
大火烧开。

❹ 放入切好的日本豆腐，
煮半分钟至其熟透。

❺ 把煮好的日本豆腐捞
出，装入盘中；把切好
的水果放在日本豆腐块
上，淋上酸奶即可。

芝麻蔬菜沙拉

难易度：★☆☆☆☆ 　　1人份

烹饪时间
Times
3分钟

🥗 原 料

生菜40克，黄瓜60克，圣女果40克，熟白芝麻10克，酸奶15克

🧂 调 料

沙拉酱适量

📋 做 法

1.洗净的圣女果对半切开。2.洗净的黄瓜对半切开，切成片，待用。3.洗好的生菜撕成小块。4.把生菜装入碗中，加入黄瓜、圣女果，搅拌匀。5.取一个盘子，摆上黄瓜片，倒入拌好的食材，倒入备好的酸奶。6.挤上少许沙拉酱，撒上白芝麻即可。

玉米黄瓜沙拉

难易度：★★☆☆☆ 　　2人份

烹饪时间
Times
5分钟

🥗 原 料

去皮黄瓜100克，玉米粒100克，沙拉酱10克，罗勒叶、圣女果

📋 做 法

1.洗净的黄瓜切粗条，改切成丁。2.锅中注入适量清水烧开，倒入玉米粒，焯煮片刻。3.关火，将焯煮好的玉米粒捞出，放入凉水中冷却。4.捞出冷却的玉米，放入碗中。5.放入黄瓜，拌匀。6.再倒入备好的盘中，挤上沙拉酱。7.放上罗勒叶、圣女果做装饰即可。

芋泥彩椒沙拉

难易度：★★☆☆☆　🍴 3人份

烹饪时间
Times
8分钟

🌿 原 料

芋头150克，青椒50克，红椒50克，甜椒50克

🍶 调 料

蜂蜜5克，盐少许

✒ 做 法

1. 去皮芋头切成片；青椒、红椒、甜椒，切成块。2. 蒸锅上火烧开，放入芋头；大火蒸5分钟至熟软，取出。3. 锅中注水大火烧开；倒入甜椒、红椒、青椒，氽煮片刻断生，捞出。4. 将食材装入碗中，加入少许盐，挤上少许蜂蜜，搅拌匀。5. 将放凉的芋头压成泥状；用挖球器做成芋泥球，摆入盘中。6. 将拌好的食材倒入盘中，挤上少许沙拉酱即可食用。

烹饪时间
Times
8分钟

紫魅沙拉

难易度：★★☆☆☆　🍴 1人份

🌿 原 料

紫薯60克，紫甘蓝60克，洋葱50克，酸奶20克

🍶 调 料

白醋10毫升，蜂蜜10克，橄榄油10毫升，盐少许

✒ 做 法

1. 去皮紫薯切成片；洋葱切成条；紫甘蓝切成丝。2. 蒸锅大火烧开，放入紫薯，大火蒸5分钟至熟透，取出放凉。3. 锅中注入适量的清水大火烧开；倒入紫甘蓝、洋葱，氽煮片刻，捞出。4. 将紫薯倒入装有紫甘蓝的碗中，加入盐、白醋、酸奶。5. 再淋入少许蜂蜜、橄榄油，搅拌匀；将拌好的食材装入盘中即可食用。